오늘은 집에서 쉽게

# 튀김 요리

오늘은 집에서 쉽게

# 튀김 요리

튀김 명인 곤도 후미오가 알려주는 튀김의 모든 것

곤도 후미오 지음 황세정 옮김

시그마북스
Sigma Books

# 오늘은 집에서 쉽게 **튀김 요리**

**발행일** 2025년 2월 3일 초판 1쇄 발행
**지은이** 곤도 후미오
**옮긴이** 황세정
**발행인** 강학경
**발행처** 시그마북스
**마케팅** 정제용
**에디터** 최연정, 최윤정, 양수진
**디자인** 정민애, 김문배, 강경희

**등록번호** 제10-965호
**주소** 서울특별시 영등포구 양평로 22길 21 선유도코오롱디지털타워 A402호
**전자우편** sigmabooks@spress.co.kr
**홈페이지** http://www.sigmabooks.co.kr
**전화** (02) 2062-5288~9
**팩시밀리** (02) 323-4197
**ISBN** 979-11-6862-314-9 (13590)

KANZENBAN "TEMPURA KONDO" SHUJIN NO YASASHIKU OSHIERU
TEMPURA NO KIHON
© Fumio Kondo 2024
Originally published in Japan in 2024 by Sekaibunkasha Inc., TOKYO.
Korean Characters translation rights arranged with Sekaibunka Holdings Inc., TOKYO,
through TOHAN CORPORATION, TOKYO and EntersKorea Co., Ltd. SEOUL.

撮影／日置武晴
　　　ローラン麻奈
アートディレクター／大薮胤美（フレーズ）
デザイン／尾崎利佳（フレーズ）
スタイリング／岡田万喜代（第四章）
取材・構成／河合寛子（新規レシピを除く）
校正／株式会社円水社
DTP製作／株式会社明昌堂
編集／原田敬子

# 차 례

제1장

# 채소와 버섯 튀김

# 튀김에서 중요한 것은 이미지다

-곤도 후미오

튀김을 만드는 일은 즐겁습니다. 그리고 재미있지요.

저는 50년이 넘도록 매일 튀김을 튀겨 왔지만, 진심으로 그렇게 생각합니다. 요즘은 튀김처럼 기름이 많이 들어가는 요리를 피하는 가정이 많다고 하던데, 참 아쉽습니다. 그런 분들도 아마 이 책을 읽고 나면 튀김을 만드는 게 얼마나 즐거운 일인지 깨닫고 꼭 한번 만들어 보고 싶어질 것입니다.

제가 가장 먼저 드리고 싶은 말씀은 '재료가 우선'이라는 점입니다. 튀김이라고 하면 다들 '튀김옷'부터 생각합니다. 튀김옷은 어떻게 만들지? 어떻게 해야 바삭하게 튀길 수 있지? 이렇게 튀김옷에만 온통 신경을 쓰느라 정작 '재료를 맛있게 하는 것'이 튀김의 목적이라는 사실을 잊고 있지는 않은가요?

이 재료가 지닌 본연의 맛은 무엇일까. 어떻게 해야 그 맛을 살릴 수 있을까. 그 점을 먼저 고민한 후에 튀김옷을 만드는 법이라든지, 기름을 다루는 법, 튀기는 방법 등을 궁리하는 것이 올바른 순서입니다.

이제는 가정에서도 얼마든지 양질의 재료를 푸짐하게 준비할 수 있는 시대가 되어서 그런지 튀김을 만들 때 '재료 본연의 맛을 살리는 것'이 더 강조되고 있습니다. 재료 본연의 맛을 살리려면 재료별로 '이렇게 튀기고 싶다'라는 구체적인 이미지를 떠올리는 것이 좋습니다. 아름다운 색을 살리고 싶다든지, 촉촉함을 유지하고 싶다든지, 감칠맛과 향을 끌어내고 싶다든지, 식감을 살리고 싶다든지…. 즉, '재료가 지닌 본래의 특성을 끌어낸다'라는 점만 기억하고 있어도 바삭하고 재료의 맛이 잘 살아 있는 튀김을 만들 수 있습니다.

이 책에서는 주로 프라이팬을 이용해 가정에서 튀김을 맛있게 만드는 방법을 소개합니다. 만드는 과정을 사진으로 자세히 설명하고, 재료별로 다른 튀김의 이미지와 알아 두면 좋은 비법도 함께 이야기하면서 최대한 알기 쉽게 설명해나갈 예정입니다.

그럼 먼저 가정에서 만들 수 있는
최고의 튀김이란 무엇일지,
튀김의 기본에 대해 알아봅시다.

# 튀김은
## '찜 요리'다

튀김은 기름에 '튀겨서' 만들지요. 당연한 말입니다. 하지만 "튀김은 무슨 요리인가요?"라는 질문을 받으면 저는 자신 있게 '찜 요리'라고 답합니다. 이것이 저의 지론입니다.

튀김은 튀김옷이라는 막으로 재료를 감싼 다음, 뜨거운 기름 속에서 '재료에 함유된 수분으로 찌듯이 익히는' 요리이기 때문입니다. 저는 튀김을 만들 때 기본적으로 **박력분을** 먼저 묻힌 다음, 그 위에 튀김옷을 **입혀** 기름에 넣습니다. 이것이 찜 요리를 할 때 필요한 과정입니다. 재료를 박력분으로 덮으면 튀김옷과의 사이에 틈이 생기는데, 이 틈이 재료를 찌기 좋은 이상적인 공간이 되어 주기 때문입니다.

튀김을 **'찜 요리'로** 만들어주는 또 다른 요소는 잔열 조리입니다. 튀김은 기름에서 건져내는 것이 끝이 아닙니다. 튀김용 기름종이에 올려 기름을 빼는 1~2분 사이에 잔열로 뜸을 들여야만 합니다. 이것이 재료에 열이 가해지는 마지막 단계이며, 이 단계를 거쳐야만 튀김이 완성됩니다. 재료를 먼저 기름에 넣어 레어로 살짝 튀긴 다음, 잔열로 뜸을 들여 미디엄 레어로 익혀 마무리한다고 보면 됩니다.

이러한 잔열 조리가 전제된다면 재료가 완전히 익기 전에 기름에서 건져내게 되므로 재료에 함유된 수분을 적절히 남길 수 있습니다. 그러면 재료가 **튀기기 전보다** 더 촉촉하고 향긋해져서 재료가 지닌 본**연의 맛을 충분히** 즐길 수 있는 튀김이 완성됩니다. 여러분도 완성된 튀김을 한번 잘라서 관찰해보세요. 튀김을 잘랐을 때 김이 모락모락 나고, 잘린 단면이 수분으로 촉촉해져 있다면 잘 쪄졌다는 증거입니다. 특히 수분이 많은 재료를 튀겼다면 단면에서 물방울이 떨어지는 모습을 확인할 수 있을 것입니다. 여러분이 이제껏 봐 온 튀김과는 전혀 다른 튀김을 볼 수 있을 거예요.

# 가정에서는
# 프라이팬을 쓰는 것이
# 좋습니다

먼저 도구부터 살펴볼까요.

가정에서 튀김을 만들 때는 프라이팬을 사용하는 게 제일 좋습니다. 튀김 전문점에서는 양쪽에 손잡이가 달린 튀김 전용 냄비를 사용하지만, 이런 전용 냄비를 대신해 사용하기 좋은 것이 바로 프라이팬입니다. 프라이팬은 너무 얕지 않냐고 생각하실 수도 있지만, 기름의 깊이가 3cm 정도만 되어도 충분하답니다. 그러니 프라이팬의 깊이는 문제가 되지 않습니다.

프라이팬의 장점은 두께가 두껍고 바닥이 평평해서 기름 온도가 전체적으로 거의 같다는 점입니다(그렇기에 얇은 알루미늄 프라이팬은 해당하지 않습니다). 이는 튀김을 보기 좋게 튀기는 데 있어 매우 중요한 조건입니다. 게다가 프라이팬은 면적이 넓어서 한 번에 많은 양을 튀길 수 있어 편리하며, 기름의 깊이도 3cm 정도면 충분해서 기름을 많이 쓰지 않아서 경제적입니다. 높이가 있는 재료를 튀길 때는 프라이팬 손잡이를 살짝 들어 올려 프라이팬을 기울인 상태에서 튀기면 됩니다. 참고로 사발처럼 생긴 궁중팬(웍팬)은 튀김을 하기에 적합하지 않습니다.

프라이팬을 사용할 때 주의해야 할 점은 한 가지밖에 없습니다. 바로 튀김 전용 냄비보다 기름의 양이 적기 때문에 온도 변화가 크다는 점입니다. 한 번에 많은 양을 튀길 때는 기름 온도를 적정 온도보다 10℃ 더 높인 상태에서 튀기기 시작하고, 재료를 튀기는 동안에는 적정 온도를 유지합니다. 재료의 양이 많거나 시간이 지나면 온도가 점차 떨어지므로, 재료를 튀기는 동안에도 알아서 불의 세기를 올리는 식으로 온도를 조절하세요.

# 기름의 깊이는
## 3cm가
# 최고!

다음으로 기름을 준비해봅시다.

저희 가게에서는 볶지 않은 참깨를 저온에서 압착한 '생참기름'과 볶아서 고소하게 향을 낸 '볶은 참기름'*을 섞어서 사용하고 있습니다. 생참기름과 볶은 참기름을 3대 1의 비율로 섞어서 튀김을 튀겨내면, 튀김의 정도나 향이 딱 알맞은 균형을 이룹니다.

참기름은 열 산화에 강해서 고온에 볶아도 산패가 적어 튀김을 튀기면 바삭해집니다. 풍미도 좋아서 튀김에 잘 어울리는 기름이지요. 게다가 기름은 재료의 잡내를 제거하고, 본연의 색을 유지하게 하며, 맛도 더 좋아지게 합니다.

다만 생참기름은 비싸다는 단점이 있습니다. 그러니 평소에는 튀김을 만들 때 샐러드유를 사용해도 괜찮습니다. 샐러드유와 볶은 참기름을 마찬가지로 3대 1의 비율로 섞어서 사용하세요. 지름이 26~28cm인 프라이팬을 사용할 경우, 샐러드유 1.2kg과 볶은 참기름 400g 정도를 부어야 기름의 깊이가 3cm 정도가 됩니다.

3cm가 튀김을 튀기기에 가장 알맞은 기름의 깊이입니다. 이보다 기름이 적으면 재료가 프라이팬 바닥에 들러붙거나 기름 위로 올라오는 부분이 늘어나서 튀겼을 때 모양이 보기 좋지 않습니다. 반대로 기름이 너무 많으면 재료를 넣어 떨어진 온도를 다시 올리는 데 시간이 걸리므로 적정 온도에서 튀겨지지 않는 문제가 발생합니다.

그러니 '프라이팬으로 튀김을 튀길 때, 기름 깊이는 3cm'라는 점을 꼭 기억하시기 바랍니다.

\* 생참기름은 '다이하쿠(太白) 참기름', 볶은 참기름은 '다이코(太香) 참기름'이다. 한국에서 다이하쿠 참기름은 '태백 참기름'으로, 다이코 참기름은 '태향 참기름'으로 알려져 있다.

샐러드유                     볶은 참기름

3:1

# 튀김옷을 만들 때는
## 먼저 물에
### 달걀을 넣는다

**01** 바닥이 깊은 용기에 물 1.6L를 담고, 달걀 4개를 넣는다. 용기에 물을 가득 채우면 젓다가 흘러넘칠 수 있으므로 물을 다부어도 위쪽에 공간이 남을 만큼 세로로 긴 용기를 사용한다.

드디어 튀김옷을 만들 차례입니다.

튀김옷에 들어가는 재료는 박력분, 물, 달걀, 이렇게 세 가지가 전부지만, 이때 섞는 순서가 중요합니다. 순서를 지키지 않으면 좋은 튀김옷이 만들어지지 않아 튀김을 맛있게 튀길 수 없습니다.

가장 먼저 섞어야 할 것은 물과 달걀입니다. 먼저 이 두 가지만 섞어서 '달걀물'을 만듭니다.

핵심은 '물에 달걀을 넣는 것'입니다. 달걀흰자는 수용성이라서 물에 달걀을 넣으면 달걀노른자가 터지기 전에 달걀흰자가 물에 녹기 시작합니다. 바닥 쪽에 가라앉은 달걀흰자부터 먼저 물에 섞어서 잘 푼 다음, 달걀노른자를 하나씩 터뜨려서 섞으면 달걀흰자의 알끈이 잘 풀려서 뭉친 곳 없이 부드럽게 잘 풀린 달걀물이 완성됩니다. 혹시라도 순서를 착각해 달걀에 물을 부었다가는 달걀노른자가 터져 버려서 달걀흰자가 잘 섞이지 않고 덩어리질 수도 있습니다.

달걀물은 조금 넉넉히 만들어두는 것이 좋습니다. 이 책에서는 튀김을 만들 때 재료에 먼저 박력분을 묻힌 다음 튀김옷을 입히는데, 이 과정에서 튀김옷에 박력분이 조금씩 들어가다 보면 튀김옷이 걸쭉해집니다. 이때 달걀물을 미리 조금 남겨 두었다가 부으면 튀김옷을 손쉽게 원래의 농도로 돌려놓을 수 있습니다. 튀김옷이 부족해져서 좀 더 만들어야 할 때도 달걀물만 있으면 금세 다시 만들 수 있습니다.

참고로 '튀김옷에 얼음을 넣어 차갑게 해야 튀김이 더 바삭해진다'라는 말이 있는데, 그건 사실이 아닙니다. 오히려 튀김옷과 기름의 온도 차이가 심해져서 더 잘 튀겨지지 않습니다. 그냥 일반적인 찬물만 사용해도 충분합니다.

물에 달걀을 넣어야 수용성인 달걀흰자가 먼저 물에 자연스럽게 녹기 시작한다.

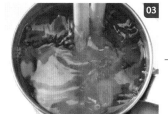
두꺼운 튀김용 젓가락을 용기 바닥에 대고, 좁게 회오리를 만들 듯이 힘껏 저어 달걀흰자를 푼다.

달걀노른자를 조금씩 섞어가며 푼다. 자잘한 거품이 서서히 올라오기 시작한다.

거품이 늘어나 수면이 높아지면 용기 밖으로 넘칠 수 있으므로 용기를 볼에 담은 채로 달걀물을 젓는다.

달걀물이 충분히 섞이고 나면 수면에 올라온 거품을 걷어내어 볼에 버린다(이 거품은 사용하지 않는다).

달걀물 완성!

부드러운 달걀물이 완성된 모습.

# 달걀물 배합 비율은
## 박력분과 달걀물을
### 1:1로

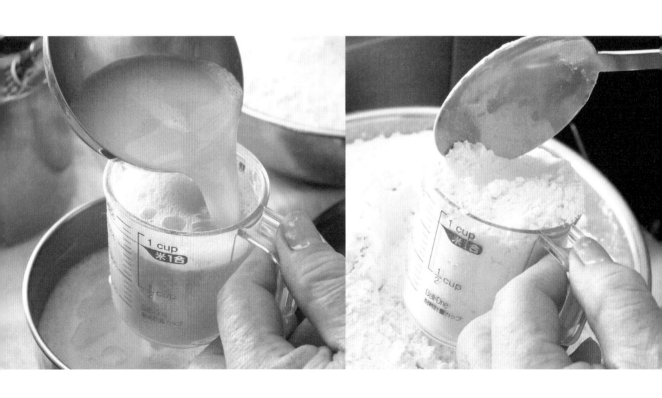

달걀물(17쪽)을 완성했으면 이제 박력분을 섞어 튀김옷을 만들어 봅시다.

박력분은 반드시 체에 한 번 내려야 합니다. 물론 뭉치지 않게 하려는 목적도 있지만, 체에 내리는 과정에서 입자 사이에 공기가 들어가 부드럽고 가벼운 튀김옷이 만들어지기 때문입니다. 체에는 한 번만 내려도 충분하며, 꼭 튀김옷을 만들기 직전에 내리지 않아도 됩니다. 체에 한 번 내린 밀가루를 비닐봉지에 담아 냉장실에 두어도 부드러움이 그대로 유지됩니다.

이제 두 가지를 섞어 봅시다. 달걀물과 박력분의 알맞은 부피 비율은 1대 1입니다. 달걀물을 1컵 넣는다면 박력분도 1컵을 넣습니다. 이렇게 하면 수분이 많아 묽은 튀김옷이 만들어집니다. 튀김은 '튀김옷을 먹는 요리가 아니기 때문'입니다.

재료가 준비되면 달걀물에 박력분을 세 번에 걸쳐 나눠 넣습니다. 박력분을 소량씩 넣어야 달걀물에 잘 섞이기 때문에 그렇습니다. 박력분을 한꺼번에 쏟아부었다가는 섞기도 전에 박력분이 볼 밖으로 넘쳐버릴 것입니다. 달걀물에 박력분을 섞을 때는 젓가락보다 거품기를 쓰는 게 좋습니다. 한 번에 많은 양을 저을 수 있어 많이 젓지 않아도 되므로 글루텐이 적게 형성되어 튀김옷이 끈적거리지 않습니다. 거품기로 8자 모양을 그리며 저은 다음 탁탁 내리치는 과정을 몇 번 반복하면 반죽이 금세 섞입니다.

완성된 튀김옷의 농도는 거품기로 떴을 때 주르륵 흘러내리는 정도입니다. 튀김옷이 이렇게 묽어도 되나 싶겠지만, 이 정도가 딱 적당합니다. 재료를 살짝 덮을 정도로 튀김옷이 얇아야만 재료 본연의 풍미와 색을 살릴 수 있습니다.

박력분을 체에 내린다. 너무 촘촘한 체를 사용하면 오히려 입자가 서로 밀착해 버리므로 일반적인 체를 사용한다. 박력분을 체에 미리 내려 두었다가 나중에 튀김옷을 만들어도 된다.

달걀물과 박력분을 같은 부피만큼 준비한다. 볼에 달걀물을 담고, 박력분의 3분의 1을 부은 다음 거품기로 8자 모양을 그리며 6번 정도 저어 섞는다. 박력분을 조금씩 나눠 넣어야 달걀물에 잘 섞인다.

박력분이 완전히 녹기 전에 거품기로 10번 정도 탁탁 내리쳐서 바닥에 가라앉혀 달걀물과 잘 섞이게 한다.

남은 박력분을 두 번에 나눠 넣고, 그때마다 02~03처럼 8자를 그리며 섞은 뒤 탁탁 내리치는 작업을 반복한다.

튀김옷 완성!

튀김옷이 묽지만, 최적의 상태다. 더 묽은 튀김옷이 필요할 때는 기본적인 튀김옷에 달걀물을 3큰술 정도 더 첨가한다.

튀김을 건졌을 때 젓가락에 튀김옷 덩어리가 조금 묻어 있어도 괜찮다. 오히려 덩어리가 전혀 없으면 너무 오래 섞은 것이다.

# 박력분을 묻힌 뒤, 튀김옷을 입힌다

드디어 튀김옷을 입힐 시간입니다.

보통은 튀길 재료에 튀김옷을 바로 입히지만, 저만의 방식인 곤도식 스타일은 박력분을 묻혀 얇은 막을 만든 다음, 그 위에 튀김옷을 입히는 것입니다.

이유는 두 가지입니다. 먼저 튀김옷이 상당히 묽어서 군데군데 벗겨질 수가 있으므로 튀김옷이 고르게 묻도록 박력분을 접착제처럼 사용하는 것입니다. 그리고 튀김을 튀기는 동안, 재료에서 새어 나오는 수분을 박력분이 흡수해주어 튀김옷이 눅눅해지지 않고 바삭해질 뿐만 아니라, 재료도 촉촉함과 풍미를 잘 유지하게 됩니다. 이때 주의할 점은 박력분을 두껍게 묻히지 말아야 한다는 점입니다. 박력분을 너무 많이 묻히면 튀김옷에 담갔을 때 박력분이 뭉칠 수 있으므로 튀김옷에 담그기 전에 여분의 가루를 탁탁 털어줍니다. 가정에서 튀김을 만들 때는 한 번에 많은 양을 튀길 때가 많을 것입니다. 하지만 그렇다고 해서 처음부터 모든 재료에 박력분을 묻혀 두는 것은 좋지 않습니다. 재료에서 나오는 수분에 밀가루가 젖어서 끈적거리게 되고, 이 상태에서 튀김옷을 입혔다가는 튀김옷이 뭉치기 때문입니다. 조금 귀찮더라도 튀김옷을 입히기 전에 일일이 밀가루를 묻혀야 맛있는 튀김이 만들어집니다.

튀김에 들어가는 재료는 대부분 '박력분→튀김옷'의 두 단계를 거치지만, 간혹 '튀김옷→박력분→튀김옷'의 세 단계를 거치는 재료도 있습니다. 양파, 샬롯(미니양파), 잎생강처럼 표면이 매끄러워 박력분이 잘 묻지 않거나 표면이 울퉁불퉁할 때 그렇습니다. 이런 재료는 소량의 튀김옷을 먼저 묻혀야 두 번째 튀김옷이 골고루 잘 입혀집니다.

# 튀기는 온도는
## 세 가지

튀김을 만들 때 기름의 온도는 튀기는 재료·재료의 크기·한 번에 튀기는 양에 따라 미세하게 차이 나지만, 대략 다음과 같이 기억해두면 편합니다.

- 채소 170℃, 일반 어패류 180℃, 붕장어 190℃

실제로는 기름에 튀길 재료를 넣자마자 온도가 떨어집니다. 재료를 하나씩 넣는다면 큰 차이가 나지 않겠지만, 실제로 튀김을 만들다 보면 서너 개를 동시에 넣습니다. 그러면 온도가 적어도 10℃는 떨어져 버립니다. 170℃에서 튀기려던 재료를 160℃에서 튀기게 되므로 튀김을 만들기 시작할 때는 실제로 튀기려는 온도보다 10℃ 정도 더 달궈 놓습니다. 특히 프라이팬을 사용할 때는 기름 온도가 떨어지기 쉬우므로 재료를 튀기는 도중에 기름 온도가 적정 온도를 유지하도록 주의합시다. 다만 잘게 썬 어패류나 채소를 튀김옷에 버무려 둥글게 튀겨내는 가키아게는 기름 온도가 너무 높으면 기름에 넣는 순간 재료가 흩어져 버려 모양을 잡기가 어려울 수 있습니다. 그러므로 가키아게를 만들 때는 기름을 10℃ 정도 더 뜨겁게 달군 후에 일단 불을 한번 끈 다음, 튀길 재료를 넣은 뒤 다시 불을 켜서 튀기는 도중에 적정 온도로 맞추는 것이 좋습니다.

튀김을 건지는 타이밍은 기름에 생기는 거품의 크기와 양, 기름이 튀는 소리, 튀김이 기름에 뜨는 모양을 보고 판단하는 것이 가장 확실합니다. 재료를 튀기면 처음에는 작은 거품이 많이 생기다가 점차 거품의 크기가 커지고, 거품의 수는 줄어듭니다. 기름이 튀는 소리도 처음에는 튀김옷 속 수분이 튀는 높은 소리가 들리다가 점차 튀김 재료 속 수분이 튀는 낮은 소리로 바뀝니다. 그리고 바닥에 가라앉아 있던 튀김 재료가 수분이 빠져나가면서 가벼워져 위쪽으로 떠오르게 됩니다. 이러한 변화가 일어나면 튀김을 건져낼 때가 되었다는 신호입니다. 이 책에서는 튀김에 넣는 재료별로 튀기는 시간을 표기해놓았지만, 이는 어디까지나 일반적인 기준일 뿐 재료의 크기나 수분 함유량에 따라 튀기는 시간은 달라질 수 있습니다. 튀기는 동안 튀김옷의 상태를 눈으로 확인하면서 기름이 튀는 소리에 귀를 기울여 보세요.

# 기름 온도를 구분하는 방법

튀김을 만들 때, 기름 온도를 온도계로 측정하지 않아도 튀김옷을 떨어뜨렸을 때 떠오르는 속도나 튀김옷이 퍼지는 형태, 기름이 튀는 소리, 거품이 생기는 모양으로 확인할 수 있습니다. 튀김을 한 개씩 튀길 때는 적정 온도로 달군 상태에서 재료를 넣기 시작해도 되지만, 여러 개를 한꺼번에 튀길 때는 적정 온도보다 10℃ 더 달군 상태에서 재료를 튀기기 시작합니다.

| 190℃의 기름 | 180℃의 기름 | 170℃의 기름 |
|---|---|---|
|  | 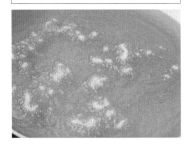 |  |

- 튀김옷이 가라앉지 않고, 기름 표면에 빠르게 퍼진다
- 기름이 탁탁 높은 소리를 내며 튄다
- 튀김옷을 넣자마자 작은 거품이 잔뜩 생긴다

- 튀김옷이 기름의 중간 깊이까지 가라앉았다가 재빠르게 떠오른다
- 기름이 비교적 얌전히 타닥타닥 튄다
- 중간 정도 크기의 거품이 잔뜩 올라오다가 옆으로 퍼진다

- 튀김옷이 바닥까지 가라앉았다가 쓱 떠오른다
- 기름이 툭툭 낮은 소리를 내며 튄다
- 중간 정도 크기의 거품이 생긴다

## 튀기는 순서

(170℃에서 3~4개를 튀길 경우)

**01 180℃의 기름에 넣는다**

표고버섯에 박력분과 튀김옷을 묻혀 적정 온도보다 10℃ 높은 180℃의 기름에 넣는다. 재료를 기름에 넣을 때까지는 두꺼운 튀김용 나무젓가락을 사용하고, 기름에 넣은 순간부터는 가느다란 스테인리스 젓가락을 사용해야 재료를 집기 편하다.

**02 170℃를 유지하면서 튀긴다**

튀기는 도중에는 재료를 되도록 건드리지 않도록 한다. 건드릴수록 모양이 망가지거나 튀김옷이 벗겨지기 쉽다. 뒤집을 때도 크고 무게가 나가는 재료만 젓가락 사이에 끼워 뒤집고, 그렇지 않은 재료는 젓가락 끝으로 가장자리를 살짝 올려서 뒤집는다.

**03 기름에서 건져낸다**

기름에서 건져내면 바로 튀김용 기름종이에 올려 기름을 제거한다. 평평하게 눕히거나 세로로 길게 세워 두어야 기름이 잘 빠진다. 튀김용 기름종이에 흡수되는 기름의 양이 적을수록 잘 튀겨졌다는 증거다.

# 오랜 시간
# 잔열 조리해야
# 완성되는 튀김도 있다

튀김은 튀기기만 하면 끝이라고 생각하시는 분들이 많습니다. 물론 재료를 튀기고 나면, 사람의 손을 더 거쳐야 하는 작업은 없습니다. 하지만 조리가 완전히 끝난 것은 아닙니다. 잔열로 재료를 더 익히는 과정이 남았기 때문입니다.

실제로 튀김을 기름에서 건져내면 잔열에 익어 중심온도가 올라갔다가 몇 분 뒤에 다시 내려온다는 사실이 과학적으로 입증되기도 했습니다. 어느 대학교에서 진행한 실험에 따르면, 오징어튀김의 중심온도가 튀긴 직후에는 40℃였던 것이 잔열에 익은 후 60℃까지 올라갔다가 몇 분 뒤에 다시 40℃로 떨어졌다고 합니다.

어떤 재료를 튀기든 간에 튀김은 반드시 이러한 잔열 조리 과정을 거칩니다. 그러므로 이런 점을 고려해 재료가 완전히 익기 1~2분 전에 기름에서 건져내는 것이 가장 좋습니다. 이 책에 나오는 '튀기는 시간'도 잔열 조리까지 고려해 실제로 튀기는 작업에 걸리는 시간을 측정한 것입니다.

참고로 제가 몸담고 있는 '덴푸라 곤도'에서는 이러한 일반적인 튀김과는 별개로, 채소를 블록 형태로 큼직하게 썰어 오래 튀긴 다음 튀김용 기름종이로 싸서 10분 이상 잔열 조리해 완성하는 튀김도 선보이고 있습니다. 이 방법은 이제는 저희 가게의 대표 메뉴가 된 두툼한 고구마튀김이나 단호박튀김에 적합한 요리법입니다. 큼직하게 썰어 튀긴 튀김을 오랜 시간 잔열 조리해야만 얻을 수 있는 포슬포슬한 식감과 진하고 고소한 풍미는 얇게 썰어 만든 튀김으로는 결코 흉내 낼 수 없답니다.

# 이 책의 사용법

맛있는 튀김을 만들 수 있도록, 이 책의 레시피를 잘 사용하는 방법을 소개합니다.

요리를 접시에 담은 모습입니다. 튀김의 색이나 튀김옷의 두께, 질감, 윤기 등이 사진처럼 나올 수 있게 노력해보세요.

특히나 중요한 내용은 노란색 형광펜으로 표시해놓았으니 신경 써서 보세요.

전문가의 솜씨에 조금이라도 더 가까워질 수 있도록 이상적인 튀김의 모습을 사진과 함께 소개합니다. 최고 수준의 맛에 도전해보세요.

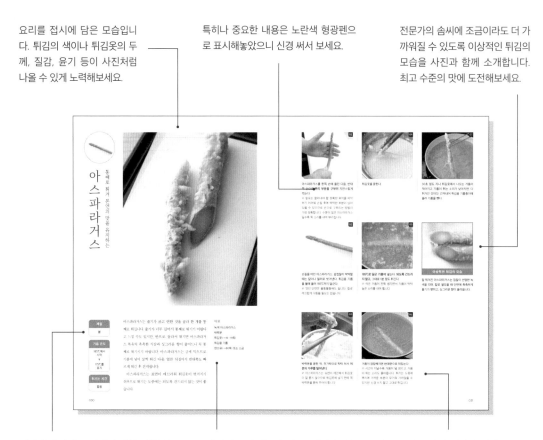

저자가 추천하는 튀김의 제철, 기름 온도, 튀기는 시간을 표기했습니다. 튀기는 시간은 3분 이내를 '짧음', 3~5분을 '중간 정도', 5분 이상을 '긺'으로 구분했습니다. 본문에서는 재료나 튀김의 맛, 튀김을 만들 때 알아 두면 좋은 정보, 먹는 법 등을 소개합니다.

요리를 만들 때 필요한 재료표입니다. 원하는 양만큼 만들면 되므로 재료의 분량은 딱히 표기하지 않았습니다. 또 재료의 양에 따라 필요한 튀김옷의 양도 달라지므로 튀김옷의 양 또한 표기하지 않았습니다. 양을 잘 조절해서 만들어 보세요.

만드는 법은 사진 아래에 적혀 있으며, 튀기는 시간은 실제로 측정한 시간이니 참고해주세요. 만드는 법 아래에는 곤도 씨의 조언이나 의견이 갈색 글씨로 적혀 있습니다. 레시피에는 포함되지 않은 중요한 내용이 많으니 꼭 참고해주세요.

---

## 이 책의 규칙

### 계량
1작은술 = 5ml, 1큰술 = 15ml, 1컵 = 200ml

### 재료
- 따로 언급이 없으면 설탕은 백설탕, 소금은 천일염 가는소금, 식초는 곡물식초, 간장은 고이구치쇼유(색이 진하고 향이 강한 양조간장. 한국의 진간장과 염도는 비슷하지만, 향이 많이 차이 난다 - 옮긴이), 요리술은 청주, 달걀은 M 사이즈(58g 이상 64g 미만, 한국의 대란~특란에 해당 - 옮긴이)를 사용합니다.

- 이 책에서 사용하는 생참기름은 '다이하쿠(太白) 참기름', 볶은 참기름은 '다이코(太香) 참기름'입니다. 맑은 호박색에 부드러운 향을 지닌 무겁지 않은 기름으로, 재료의 향을 잘 살리면서 깊고 진한 맛을 냅니다. '튀김용 기름 사쿠(天ぷら油 咲, 사진 우측)'는 '덴푸라 곤도'에서 사용하는 튀김용 기름을 참고해 개발한 제품으로, 저자가 보장하는 튀김 전용 참기름입니다.

# 채소와 버섯 튀김

이 책의 저자가 개발한 채소 튀김은
계절별 채소로 만들어
계절감을 맛볼 수 있습니다.
친숙한 재료부터 제철 귀한 재료까지,
다양한 재료로
튀김을 만들어 봅시다.

제가 요리사로서 수련을 쌓던 시절만 하더라도 일본 도쿄에서 튀김이라고 하면 당연히 어패류 튀김이라 생각했습니다. 채소튀김은 '그냥 반찬' 정도로만 여겼지요. 에도마에 덴푸라의 오랜 역사 속에서 채소튀김은 비교적 최근에 등장했지만, 튀기는 방법에 따라 놀라우리만큼 고급스러운 튀김이 됩니다(튀김을 뜻하는 일본어 '덴푸라'는 원래 간사이 지방에서는 으깬 어육을, 에도에서는 어패류에 튀김옷을 입혀 튀겨낸 요리를 가리키는 표현이었다. 에도마에 덴푸라는 신선한 어패류를 참기름에 튀겨내어 바로바로 먹는 것이 특징으로, 도쿄만에서 잡아 올리는 어패류를 '에도마에'라고 불렀다 – 옮긴이).

최근에는 사시사철 구할 수 있는 채소가 늘어났지만, 그래도 여전히 특정 계절에만 파는 제철 채소나 제철에 유독 맛이 좋아지는 채소가 있습니다. 튀김은 튀김옷을 입혀 튀겨 '재료를 찌듯이 익혀내어' 수분이나 향을 그대로 유지한 채 먹을 수 있는 요리입니다. 특히 채소튀김은 재료 본연의 맛이 그대로 전해지니 계절의 변화를 입으로 즐겨 보세요.

이번 장에서는 양파나 가지처럼 평소에 튀김으로 즐겨 먹는 채소 외에도 감자나 밤, 오크라, 유채, 그리고 향신채인 양하나 생강 등 튀김에 잘 쓰이지 않는 종류의 채소도 함께 소개합니다. 신선한 제철 채소를 이용해 자연이 선물하는 맛을 즐겨 보세요.

## 채소튀김을 만들 때 알아두면 좋은 세 가지 팁

### 촉촉함과 향이 생명!

저는 먹는 순간 재료의 향이 확 퍼지고, 수분이 많은 재료는 촉촉함이 입안 가득 퍼지는 튀김을 만들려고 노력합니다. 이런 게 바로 채소튀김이 지녀야 할 맛이라 생각합니다. 기왕 만드는 김에 신선한 채소를 고르고, 박력분을 묻히고 튀김옷을 입혀 튀기는 기본을 충실히 지켜보세요. 그리고 튀김을 너무 오래 튀기지도 말고, 최대한 조심스럽게 다루세요.

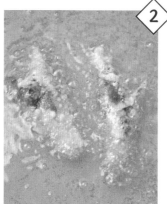

### 튀기는 온도는 170~175℃가 기본

튀김을 튀길 때는 기름 온도를 일정하게 유지하는 것이 중요합니다. 채소는 대부분 어패류보다 조금 낮은 170~175℃에서 튀깁니다. 튀김옷을 입혀 튀겨 간접적으로 익힘으로써 생채소에서는 결코 맛볼 수 없는 촉촉하고 독특한 식감을 끌어냅니다. 어패류처럼 단백질을 가열할 필요가 없으므로 낮은 온도에서 튀겨도 충분합니다.

### 떫은맛은 감칠맛으로 바꾼다

튀김에 쓰는 채소와 버섯은 기본적으로는 물로 씻지 않습니다. 연근처럼 떫은맛이 나는 재료도 물에 담그지 않습니다. 물로 씻으면 재료에 수분이 남아 튀길 때 기름이 튀기 쉽고, 채소의 감칠맛도 빠져나갑니다. 그러니 만약 재료에 이물질이 묻어 있다면 마른행주로 닦아내세요. 또 재료 속 떫은맛은 기름에 튀기면 감칠맛이나 향으로 바뀝니다. 재료 본연의 맛을 잘 살리는 것이 튀김이라는 사실을 기억하세요.

통째로 튀겨 본연의 맛을 유지하는

# 아스파라거스

| 제철 |
| --- |
| 봄 |

| 기름 온도 |
| --- |
| 185℃에서 시작 ▼ 175℃를 유지 |

| 튀기는 시간 |
| --- |
| 짧음 |

아스파라거스는 줄기가 굵고 연한 것을 골라 한 개를 통째로 튀깁니다. 줄기가 너무 길어서 통째로 튀기기 어렵다고 느낄 수도 있지만, 반으로 잘라서 튀기면 아스파라거스 특유의 촉촉한 식감과 싱그러운 향이 줄어드니 꼭 통째로 튀기시기 바랍니다. 아스파라거스는 금세 익으므로 기름에 넣어 살짝 튀긴 다음, 얼른 뒤집어서 반대쪽도 빠르게 튀긴 후 건져냅니다.

아스파라거스는 표면이 매끄러워 튀김옷이 벗겨지기 쉬우므로 튀기는 도중에는 되도록 건드리지 않는 것이 좋습니다.

재료

녹색 아스파라거스
박력분
튀김옷(→16~19쪽)
튀김용 기름
덴쓰유(→80쪽) 또는 소금

**01**

아스파라거스를 한쪽 손에 올린 다음, 반대쪽 손으로 뿌리 부분을 구부려 자연스럽게 꺾는다.

※ 칼로는 잘라내야 할 정확한 위치를 파악하기 어려워 손질 후에 딱딱한 부분이 남아 있을 수 있으므로 손으로 구부리는 방법이 가장 정확합니다. 수분이 많은 아스파라거스일수록 뚝 소리를 내며 부러집니다.

**02**

손질을 마친 아스파라거스. 겉껍질이 딱딱할 때는 칼이나 필러로 벗겨낸다. 튀김용 기름을 볼에 올려 185℃까지 달군다.

※ 꺾인 단면은 울퉁불퉁해도 됩니다. 칼로 매끄럽게 다듬을 필요는 없습니다.

**03**

박력분을 묻힌 뒤, 젓가락으로 탁탁 쳐서 여분의 가루를 털어낸다.

※ 아스파라거스는 표면이 매끈해서 튀김옷이 잘 묻지 않으므로 튀김옷에 넣기 전에 꼭 박력분을 묻혀 주어야 합니다.

**04**

튀김옷을 묻힌다.

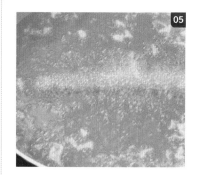

**05**

185℃로 달군 기름에 넣는다. 되도록 건드리지 말고, 그대로 1분 정도 튀긴다.

※ 작은 거품이 잔뜩 생기면서 기름이 탁탁 높은 소리를 내며 튑니다.

**06**

거품이 잠잠해지면 반대편으로 뒤집는다.

※ 시간이 지날수록 거품이 덜 생기고, 기름이 튀는 소리도 줄어듭니다. 튀기는 도중에 뿌리에 가까운 부분이 무거워 가라앉을 수 있지만, 신경 쓰지 말고 그대로 튀깁니다.

**07**

30초 정도 지나 튀김옷에서 나오는 거품이 적어지고 기름이 튀는 소리가 낮아지면, 다 튀겨진 것이다. 건져내어 튀김용 기름종이에 올려 기름을 뺀다.

**이상적인 튀김의 모습**

잘 튀겨진 아스파라거스는 껍질이 선명한 녹색을 띠며, 칼로 썰었을 때 단면에 촉촉하게 물기가 맺히고, 싱그러운 향이 올라옵니다.

# 오크라

### 연하고 향긋한

**제철**

여름

**기름 온도**

180℃에서
시작
▼
170℃를
유지

**튀기는 시간**

짧음

오크라는 열매와 꽃 모두 튀김에 사용할 수 있습니다. 이탈리아 요리 등에서 주키니 호박의 꽃을 튀김옷에 묻혀 튀기듯이 오크라꽃도 튀김으로 만들 수 있습니다. 큼직하고 노란 오크라 꽃잎은 맛있게 먹을 수 있는 재료이기도 합니다. 꽃을 활짝 피우기 전, 꽃잎을 살짝 오므리고 있는 꽃봉오리를 식용으로 사용합니다. 제철에 오크라꽃을 구할 수 있다면 꼭 한번 만들어 보시기 바랍니다. 튀김용 오크라 열매는 작고 연한 것이 좋습니다. 꽃과 열매 모두 금세 익으므로 빠르게 튀겨 건져내세요. 일반적으로 꽃은 1분 이내로, 열매는 1분 조금 넘게 튀깁니다.

**재료**

오크라 열매
오크라꽃
박력분
튀김옷(→16~19쪽)
튀김용 기름
덴쓰유(→80쪽) 또는 소금

열매는 꼭지를 최소한만 남기고 모두 잘라낸 다음, 꼭지 아래에 있는 딱딱한 부분을 칼로 벗긴다.

오크라꽃은 꽃받침을 손으로 뜯어낸다.

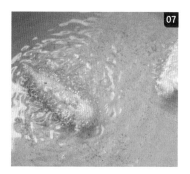

손질을 마친 오크라 열매(오른쪽)와 꽃(왼쪽). 튀김용 기름을 불에 올려 180℃까지 달군다.

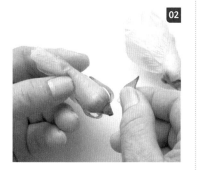

박력분을 묻히고, 젓가락으로 탁탁 쳐서 여분의 가루를 털어낸다.

튀김옷을 묻힌다.

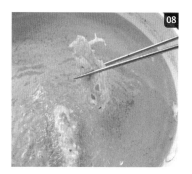

180℃로 달군 기름에 넣는다. 튀기는 동안, 되도록 건드리지 않는다.
※ 작은 거품이 잔뜩 생기면서 기름이 높은 소리를 내며 탁탁 튑니다.

40초 정도 지나 거품이 어느 정도 잠잠해지면 반대쪽으로 뒤집는다.

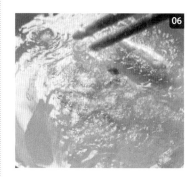

튀김옷에서 나오는 거품이 줄어들고, 기름이 튀는 소리가 낮아지면 다 튀겨진 것이다. 보통 꽃은 50초, 열매는 1분 10초 정도 튀긴다. 튀김을 건져내어 튀김용 기름종이에 올려 기름을 뺀다.

**이상적인 튀김의 모습**

튀김옷은 바삭하고 속은 연하고 촉촉합니다.

# 샬롯

식감의 변화를 즐길 수 있는

**제철**

여름

**기름 온도**

180℃에서
시작
▼
170℃를
유지

**튀기는 시간**

긺

샬롯(미니양파)은 한 개를 통째로 튀겨 안쪽에 생채소의 풍미를 살짝 남겨 둡니다. 80%는 웰던으로, 나머지 20%는 레어로 튀겨 식감에 변화를 주는 것입니다. 레어로 튀긴 부분에 남는 은은한 매운맛과 쌉싸름한 맛이 푹 익은 표면의 단맛을 더욱 도드라지게 하고, 튀김을 깔끔하고 아삭하게 만들어 줍니다. 단맛만 나는 튀김은 결코 최고 수준의 맛을 낼 수 없습니다. 매운맛, 쓴맛, 단맛이 조화를 이루어야만 합니다. 5분 이상 시간을 들여 서서히 찌듯이 튀겨 주세요.

재료

샬롯(미니양파)
박력분
튀김옷(→16~19쪽)
튀김용 기름
덴쓰유(→80쪽) 또는 소금

■ 이쑤시개

**01**

샬롯의 위아래를 잘라내고, 옆면에 얇게 칼집을 하나 낸다.

**04**

먼저 튀김옷에 한 번 담근다.

※ 양파는 표면이 유난히 매끄러워서 다른 튀김처럼 박력분을 직접 묻혀봤자 잘 달라붙지 않습니다. 그래서 박력분이 잘 묻도록 튀김옷을 먼저 묻힙니다. 튀김옷의 농도를 조금 진하게 해도 됩니다.

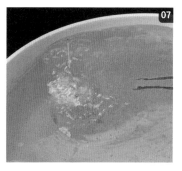

**07**

튀김을 5~6번 뒤집으면서 5분 정도를 더 튀긴다.

※ 대략 1분에 한 번 정도 뒤집고, 도중에는 되도록 건드리지 않고 상태를 지켜보기만 합니다. 후반에는 프라이팬을 한쪽으로 기울여 기름의 깊이를 증가시킵니다. 이때 샬롯이 기름에 떠올라 기울기 시작하면 80% 정도 익은 것입니다.

**02**

칼집 사이로 껍질을 벗긴다.

※ 껍질을 벗기다가 도중에 끊기면 그 껍질 한 장을 전부 벗겨 표면을 매끄럽게 다듬으세요. 또 샬롯의 윗면에 십자 모양으로 칼집을 내면 윗부분이 집중적으로 익기 쉬우므로 윗면에는 칼집을 내지 마세요.

**05**

박력분을 묻힌 후, 튀김옷에 한 번 더 담근다.

※ 튀김옷을 두 번 묻혀야 튀김옷의 두께가 적당해집니다.

**08**

튀김옷에서 나오는 거품이 적어지고 기름이 튀는 소리가 낮아질 때까지 튀긴다. 다 튀겨지면 튀김을 건져내어, 튀김용 기름종이에 올려 기름을 뺀다.

**03**

이쑤시개를 샬롯의 윗면 가장자리에서 비스듬하게 찔러넣어 끝이 샬롯 중심에 닿게 한다. 튀김용 기름 온도를 180℃에 맞춘다.

※ 쉽게 빠지지 않도록 이쑤시개는 윗면 정중앙에서 비슷듬하게 찌릅니다. 이쑤시개는 젓가락으로 쉽게 잡을 수 있게 해줍니다.

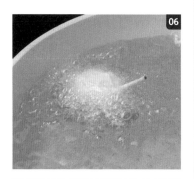

**06**

180℃로 달군 튀김용 기름에 넣는다. 튀김을 되도록 건드리지 말고, 그대로 1분 정도를 튀긴다.

※ 작은 거품이 잔뜩 생기면서 기름이 탁탁 높은 소리를 내며 튑니다.

**이상적인 튀김의 모습**

튀김을 자르지 말고 통째로 담아 속이 거의 다 익을 때까지 잔열 조리합니다. 중심 부분은 유백색을 살짝 띠고 매콤한 맛이 살아 있지만, 나머지 부분은 전부 투명한 빛을 띠고 단맛을 냅니다.

# 양파

아삭한 식감까지 맛있는

**제철**

봄(햇양파)
겨울(묵은 양파)

**기름 온도**

180℃에서
시작
▼
170℃를
유지

**튀기는 시간**

짧음

양파는 얇게 썰어 가키아게에 넣는 일이 많지만, 반달 모양으로 썰어 이쑤시개를 꽂아 튀기면 보기에도 좋은 데다, 촉촉하고 아삭한 양파의 맛을 제대로 즐길 수 있습니다. 샬롯을 튀길 때와 마찬가지로 겉은 푹 익히면서도 중심 부분에는 생양파의 식감과 향이 살짝 남도록 잘 조절해 단맛과 은은한 매운맛이 모두 느껴지게 합니다.

봄철 햇양파로 만들면 신선하고 깔끔한 맛을 내지만, 겨울철 묵은 양파로 만들면 진한 단맛이 나니 계절별로 다른 맛을 한번 즐겨 보세요.

재료

양파
박력분
튀김옷(→16~19쪽)
튀김용 기름
덴쓰유(→80쪽) 또는 소금

■ 이쑤시개

양파의 위아래를 두툼하게 잘라내고, 껍질을 벗긴다. 양파를 세로로 6~8등분(약 3cm 폭)을 해서 반달 모양을 만든다.

※ 녹색을 띠는 부분은 조금 단단하지만, 흰 부분과 마찬가지로 맛있게 먹을 수 있습니다. 중심의 작은 조각은 쉽게 떨어져 나오므로 가키아게 등을 만들 때 쓰면 좋습니다.

이쑤시개를 들어 먼저 **튀김옷에 한 번 담근** 후 박력분을 묻힌다.

※ 양파는 표면이 유난히 매끄러워서 박력분을 직접 묻히면 잘 달라붙지 않습니다. 튀김옷에 먼저 담근 뒤 박력분을 묻혀야 박력분이 잘 묻습니다.

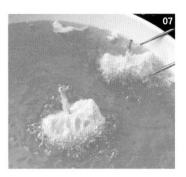

아래쪽 튀김옷이 굳기 시작하면 튀김을 반대쪽으로 뒤집어 살짝 튀긴 후, 이쑤시개가 위로 오게 튀김의 방향을 바꿔 그대로 1분 정도 튀긴다.

※이쑤시개가 위로 오게 튀김의 방향을 바꿔 두툼한 부분을 충분히 익힙니다.

안쪽 중심에 **이쑤시개를 깊이 찔러 넣는다.**

※ 이쑤시개를 밑에까지 충분히 찔러 넣으면 양파가 흩어지지 않아 튀기기 편합니다.

튀김옷에 한 번 더 담근다.

※ 튀김옷을 두 번 묻혀야 튀김옷의 두께가 적당해집니다.

다시 양파를 옆으로 쓰러뜨려서 양면을 튀긴다.

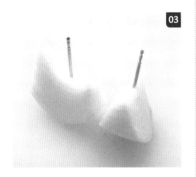

튀길 준비를 마친 양파의 모습. 튀김용 기름을 불에 올려 180℃로 달군다.

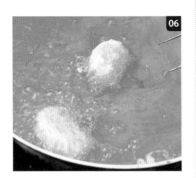

**180℃로 달군 튀김용 기름에 넣는다.** 되도록 건드리지 말고, 그대로 30초 정도 튀긴다.

※ 처음에는 양파의 단면이 위아래로 오게 (이쑤시개가 옆쪽을 향하게) 놓은 상태에서 익힙니다.

튀김옷에서 나오는 거품이 줄어들면서 기름이 튀는 소리가 낮아지고, 튀김이 노릇노릇해지면 건져내어 튀김용 기름종이에 올려 기름을 뺀다. 최고의 맛을 내려면 양파가 아삭한 식감을 유지한 채로 잘 익어야 한다.

※ 그릇에 담기 전에 이쑤시개를 뺍니다.

# 가지

기름지지 않고 촉촉한

**제철**

여름

**기름 온도**

180℃에서
시작
▼
170℃를
유지

**튀기는 시간**

중간 정도

튀김을 만들 때는 작고 둥근 모양의 가지가 잘 어울립니다. 길쭉한 가지로도 만들 수 있지만, 둥근 가지가 맛도 더 좋고, 도톰하니 보기 좋게 잘 튀겨집니다. 둥근 가지를 세로로 반을 잘라 아래쪽에 얕은 칼집을 여러 번 내면, 가지가 비교적 짧은 시간 내에 고르게 익어 기름을 불필요하게 많이 흡수하지 않습니다. 다만 칼집 안쪽까지 튀김옷이 들어가면 튀김이 너무 느끼해지니 표면에만 튀김옷을 묻혀야 한다는 점을 꼭 기억하세요.

　튀기는 시간은 5분 정도로, 가지 속살이 아삭하게 씹히면서도 촉촉함이 남아 있게 튀겨야 합니다.

재료

가지*
박력분
튀김옷(→16~19쪽)
튀김용 기름
덴쓰유(→80쪽) 또는 소금

\* 사진 속 가지는 8cm 길이의 둥근 모양의 가지다. 길쭉한 가지를 사용해도 된다.

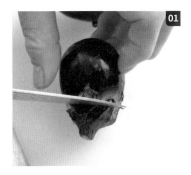

**01**

가지 꼭지는 밑부분에 식칼을 대고 가지를 한 바퀴 돌려 밑부분만 살짝 남기고 나머지는 전부 잘라낸다.

※ 이렇게 하면 가지 꼭지가 일정해져 보기에도 좋아집니다. 열매 부분이 잘리지 않도록 칼날을 꼭지 위에 살짝 대기만 하세요.

**04**

박력분을 묻힌 다음, 젓가락으로 탁탁 쳐서 여분의 가루를 털어낸다. 그런 다음 튀김옷에 담근다.

※ 칼집 안쪽에까지 박력분이나 튀김옷이 들어가지 않도록 주의하세요. 또 가지를 젓가락으로 너무 세게 잡으면 튀김옷이 벗겨지므로 힘이 들어가지 않게 살살 집습니다.

**07**

그 후, 튀김을 몇 번 더 뒤집어가면서 양면을 고르게 3~4분간 튀긴다.

**02**

가지를 세로로 2등분한 다음, 단면이 바닥을 향하게 놓는다. 가지의 아래쪽에 2~3mm 간격으로, 열매 부분의 3분의 2 정도 길이까지 칼집을 낸다.

※ 가지의 떫은맛은 튀기면서 감칠맛으로 바뀌므로, 가지를 미리 물에 담가 떫은맛을 빼지 않습니다. 또 가지를 썰어 바로 튀기면 기름이 가지의 변색을 막아 줍니다.

**05**

180℃로 달군 기름에 가지 껍질이 위로 가게 가지를 넣는다.

※ 가지는 껍질이 매끄러워서 튀김옷이 잘 벗겨지므로, 튀김옷을 입히자마자 바로 기름에 넣는 것이 좋습니다.

**08**

가지의 속살 부분이 노릇노릇해지면 다 튀겨진 것이다. 튀김을 건져내어 튀김용 기름종이에 올려 기름을 뺀다.

**03**

칼집을 낸 부분을 위에서 눌러 살짝 엇갈리게 해 차선 같은 모양을 낸다. 튀김용 기름을 불에 올려 180℃로 달군다.

※ 길쭉한 가지를 사용할 때도 마찬가지로 01~03대로 합니다.

**06**

20초 정도 튀기고 나면 젓가락으로 살짝 들어 올려 반대편으로 뒤집은 다음, 껍질이 바닥을 향한 상태에서 1분 정도 더 튀긴다.

※ 매끄러운 껍질에 묻힌 튀김옷이 흘러내려 아래쪽에 뭉치지 않도록 일찍 뒤집습니다.

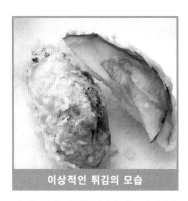

**이상적인 튀김의 모습**

가지는 원래 기름을 잘 흡수하는 편이지만, 잘 만든 가지튀김은 튀김옷이 보호막 역할을 해서 속살 자체가 기름지지 않고 촉촉합니다. 가지가 너무 푹 익지 않도록 아삭한 식감은 어느 정도 남겨 둡니다.

# 피망

싱그러운 풍미가 입안 가득 퍼지는

**제철**

여름

**기름 온도**

180℃에서
시작
▼
170℃를
유지

**튀기는 시간**

짧음

저희 가게에서는 피망을 자르지 않고 한 개를 통째로 튀깁니다. 하지만 이는 씨가 부드럽고 과육에서 쓴맛이 나지 않는 품종을 쓰기에 가능한 일입니다. 슈퍼마켓 등에서 파는 일반 피망을 사용할 때는 피망을 잘라서 꼭지와 씨를 제거한 후에 튀기는 것이 좋습니다. 이때 피망을 너무 잘게 썰면 피망의 독특한 풍미가 다 사라지니 반으로 잘라 사용하세요. 최대한 피망의 원래 형태에 가깝게, 큰 조각으로 튀겨야 피망 특유의 풍미가 도드라져 '아, 진짜 피망이네!'라는 인상을 받습니다. 참고로 피망은 과육이 얇은 편이라 2분 정도만 튀기면 됩니다.

재료

피망
박력분
튀김옷(→16~19쪽)
튀김용 기름
덴쓰유(→80쪽) 또는 소금

040

**01**

피망을 세로로 반을 자른 다음, 꼭지가 달린 윗부분을 일자로 잘라낸다.

※ 손으로 꼭지를 뜯어내면 가장자리가 매끄럽지 않아 보기에 좋지 않으니 칼로 반듯하게 자르세요.

**04**

박력분을 묻힌 다음, 젓가락으로 탁탁 쳐서 여분의 가루를 털어낸다.

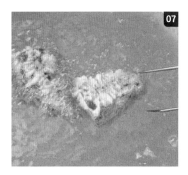

**07**

껍질 쪽 튀김옷이 다 굳으면 반대로 뒤집어 30초 정도 튀긴다.

※ 너무 빨리 뒤집었다가는 껍질 쪽 튀김옷이 흘러내릴 수 있으니 튀김옷이 형태를 완전히 갖출 때까지 기다렸다가 뒤집습니다. 피망의 안쪽 면은 부드러워서 오래 튀기지 않아도 괜찮습니다.

**02**

씨와 흰 심지 부분을 손으로 뜯어낸다.

**05**

튀김옷에 담근다.

※ 우묵한 부분에 튀김옷이 고이지 않도록 여분의 튀김옷은 털어내세요.

**08**

양면을 다시 약 15초씩 살짝 튀긴다. 튀김옷에서 나오는 거품이 줄어들고, 기름이 튀는 소리가 낮아지면 다 튀겨진 것이다. 튀김을 건져내 튀김용 기름종이에 올려 기름을 뺀다.

**03**

손질을 마친 피망의 모습. 튀김용 기름을 볼에 올려 180℃로 달군다.

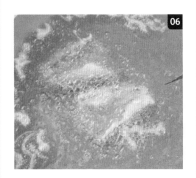

**06**

180℃로 달군 기름에 광택이 흐르는 껍질 쪽이 바닥을 향하게 넣고, 1분 정도 튀긴다.

※ 피망은 껍질 쪽이 볼록 튀어나와 있어 처음에 껍질 쪽이 위로 가게 넣으면 튀김옷이 아래로 흘러내려 튀김옷 자체가 얇아져 버립니다.

**이상적인 튀김의 모습**

녹색 피망이 비쳐 보일 정도로 튀김옷이 얇아야 피망의 풍미가 잘 살아납니다. 너무 오래 튀기면 피망이 푹 익어 버리므로 아삭한 식감도 잘 살도록 빠르게 튀겨냅니다.

# 꽈리고추

모둠 튀김에서 맛에 악센트를 줄

**제철**

여름

**기름 온도**

180℃에서
시작
▼
170℃를
유지

**튀기는 시간**

짧음

꽈리고추는 작지만 싱그러운 향과 은은한 매운맛을 지닌 개성 강한 채소로, 모둠 튀김에 넣으면 맛에 악센트를 주는 역할을 합니다.

맛있는 꽈리고추 튀김을 만드는 비결은 두 개를 합쳐서 튀기는 것입니다. 그만큼 부피가 커져 튀길 때 뒤집기도 편하고, 보기에도 훨씬 먹음직스럽습니다. 이쑤시개를 중간에 꽂으면 고추가 고정되지 않고 빙글빙글 돌아가므로 단단한 꼭지 부분에 이쑤시개를 꽂아야 합니다. 그리고 꽈리고추는 작으므로 1분 정도만 튀겨도 충분합니다.

재료

꽈리고추
박력분
튀김옷(→16~19쪽)
튀김용 기름
덴쓰유(→80쪽) 또는 소금

■ 이쑤시개

**01**

꽈리고추 두 개를 나란히 놓고, 단단한 꼭지 부분에 이쑤시개를 꽂아 한 뭉치로 만든다.
※ 고추 모양이 울퉁불퉁하니 서로 딱 들어 맞는 면을 찾아 가지런히 붙여 보세요.

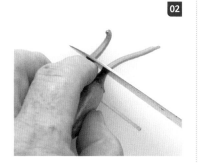

**04**

이쑤시개를 들고, 꽈리고추의 **한쪽 면에만 박력분을 묻힌다.**
※ 튀김옷 아래로 꽈리고추의 녹색이 비치도록 튀김옷을 얇게 입히기 위해 반대쪽 면에는 박력분을 묻히지 않습니다. 그릇에 담을 때는 박력분을 묻히지 않아 튀김옷이 얇게 입혀진 면이 위로 오게 놓습니다.

**07**

반대로 뒤집어 20초 정도 튀긴다.

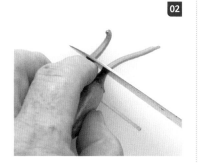

**02**

고추 두 개의 꼭지 윗부분을 짧게 잘라낸다.

**05**

박력분을 묻힌 면이 아래를 향하게 든 채로 고추 전체를 튀김옷에 담근다.

**08**

다시 반대로 뒤집고 잠시 기다린다. 거품이 줄어들고 기름이 튀는 소리가 낮아지면 건져 내어 튀김용 기름종이에 올려 기름을 **뺀다.**
※ 접시에 담을 때는 이쑤시개를 끼운 채 그대로 담아도 되고, 빼도 됩니다.

**03**

손질을 마친 꽈리고추의 모습. 튀김용 기름을 불에 올려 180℃로 달군다.

**06**

180℃로 달군 튀김용 기름에 그대로 넣고 40초 정도 튀긴다.
※ 작은 거품이 잔뜩 생기면서 기름이 탁탁 높은 소리를 내며 튑니다.

**이상적인 튀김의 모습**

튀김의 한쪽 면은 꽈리고추의 녹색과 형태가 또렷하게 비칠 정도로 튀김옷이 얇아야 합니다. 볼록한 형태와 은은한 매운맛이 잘 살도록 짧은 시간 내에 튀겨냅니다.

# 연근

두툼하게 썰어 천천히 튀기는

**제철**

가을~겨울

**기름 온도**

175℃에서
시작
▼
165~170℃를
유지

**튀기는 시간**

중간 정도

연근은 끈끈하면서도 아삭한 식감이 매력적인 채소입니다. 연근을 1cm 두께로 둥글게 썰어 낮은 온도에서 4~5분 간 천천히 튀기면 전분에 열이 가해져 맛이 좋아집니다.

연근은 껍질을 벗기면 금세 검게 변하기 때문에 물에 담가 두고 싶어지지만, 물에 담그면 튀길 때 감칠맛으로 변해야 할 떫은맛 성분이 다 빠져나가 버립니다. 그러니 물에 담그지 말고 껍질을 벗기자마자 바로 튀기세요. 또 연근 구멍에 튀김옷이 고이면 튀김옷의 양이 너무 많아져 맛이 느끼해지고 튀기는 시간도 더 오래 걸립니다. 따라서 튀김옷이 구멍을 막지 않게 하는 것이 중요합니다.

재료

연근*
박력분
튀김옷(→16~19쪽)
튀김용 기름
덴쓰유(→80쪽) 또는 소금

* 연근은 보통 크기가 다른 마디 3~4개가 이어져 있고 첫 번째 마디가 가장 크지만, 튀김에는 조금 연하고 크기도 적당한 두 번째 마디가 적합하다. 연근의 제철은 가을에서 겨울 사이지만, 여름철에 수확하는 햇연근도 촉촉해서 맛있다.

**01**

껍질을 벗기지 않은 상태에서 연근을 1cm 두께로 둥글게 썬다.

※ 연근을 남기지 않고 다 쓸 생각이라면 필러로 껍질을 벗긴 후에 둥글게 썰어도 상관없습니다. 연근을 다 쓰지 않는다면 사진처럼 필요한 양만큼 먼저 자른 후 껍질을 벗겨야 남은 연근을 껍질째 더 신선하게 보관할 수 있습니다.

**02**

둥글게 썬 연근 세 장을 딱 붙인 채로 한꺼번에 껍질을 벗긴다.

※ 연근 여러 장의 껍질을 한꺼번에 벗기면 시간도 절약할 수 있고, 변색도 최소화할 수 있습니다. 아직 익숙하지 않을 때는 한 장씩 벗겨도 상관없습니다. 연근은 껍질을 두껍게 깎아야 감칠맛이 더 잘 느껴집니다.

**03**

손질을 마친 연근의 모습. 튀김용 기름을 불에 올려 175℃로 달군다.

※ 연근 껍질을 벗겨 식초를 탄 물이나 찬물에 담그지 말고, 튀기기 직전에 껍질을 벗기세요.

**04**

박력분을 묻히고, 젓가락으로 탁탁 쳐서 여분의 가루를 털어낸다.

※ 연근 구멍 안에 박력분이 너무 많이 달라붙지 않게 합니다.

**05**

튀김옷에 담근다.

※ 튀김옷도 연근 구멍을 막지 않도록 잘 털어냅니다.

**06**

175℃로 달군 튀김용 기름에 넣어 2분 정도 튀긴다.

※ 연근은 일반적인 채소보다 조금 낮은 온도에서 시간을 들여 천천히 튀겨 감칠맛을 끌어냅니다. 처음에는 무거워서 바닥에 가라앉지만, 익으며 서서히 떠오릅니다.

**07**

연근이 떠오르기 시작하면 불을 조금 세게 올린다.

※ 저온에서 온도를 서서히 올리면 안쪽까지 열이 잘 전달되면서도 수분이 빠져나가지 않아, 겉은 바삭하고 속은 촉촉하게 튀겨집니다.

**08**

두 번 정도 뒤집으면서 양면을 약 2분간 고르게 튀긴다. 거품이 줄어들고, 기름이 튀는 소리가 낮아지면 건져내어 튀김용 기름종이에 올려 기름을 뺀다.

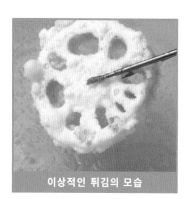

**이상적인 튀김의 모습**

잘 만든 연근 튀김은 구멍이 막히지 않고 잘 뚫려 있어 보기에도 좋습니다. 튀김옷은 바삭하지만, 연근 자체에는 촉촉한 식감이 남습니다.

# 유채

단시간에 튀겨 싱그러움이 살아 있는

**제철**

겨울~봄

**기름 온도**

180℃에서
시작
▼
170℃를
유지

**튀기는 시간**

짧음

겨울에서 봄 사이에 출하되는 유채. 향긋하고 쌉싸름한 꽃봉오리를 주로 먹으므로 굵은 줄기를 잘라내고, 잎도 꽃봉오리 주변에 달린 잎만 두 장 정도 남기고 나머지는 모두 벗기는 식으로 손질합니다. 또 박력분을 묻히면 가루가 꽃봉오리 사이에 껴서 튀김옷이 너무 많이 묻게 되므로 유채 튀김은 예외적으로 박력분을 생략하고 튀김옷만 묻혀 튀깁니다. 또 꽃봉오리가 연해서 잘 타므로 유채는 단시간에 튀겨내야 합니다. 대략 170℃에서 30초가 조금 넘는 시간 동안 튀깁니다. 온도가 낮으면 기름을 너무 많이 빨아들여 잎이 축 늘어져 버리니 주의하세요.

재료

유채
튀김옷(→16~19쪽)
튀김용 기름
덴쓰유(→80쪽) 또는 소금

유채꽃의 굵은 줄기를 짧게 잘라내고, 잎은 두 장 정도만 남기고 나머지는 전부 손으로 뜯어낸다.

※ 꽃봉오리에서는 나지 않는 진한 향을 살리기 위해 잎을 조금만 남겨 둡니다. 잎이 너무 길면 꽃봉오리 위로 튀어나오는 부분을 잘라 주세요. 잘라낸 줄기나 잎은 채소 절임 등을 만들 때 사용하세요.

180℃로 달군 튀김용 기름에 꽃봉오리 끝이 아래로 오게 넣는다.

※ 꽃봉오리 끝부터 기름에 넣으면 잎이 벌어져 유채꽃의 모양이 예쁘게 잡힙니다.

### 이상적인 튀김의 모습

잘 만든 유채 튀김은 생김새에서부터 싱그러움이 느껴집니다. 너무 바싹 튀겨서 잎이나 꽃봉오리의 수분이 빠져나가 파삭파삭해지지 않게 합니다.

손질을 마친 유채의 모습. 튀김용 기름을 불에 올려 180℃로 달군다.

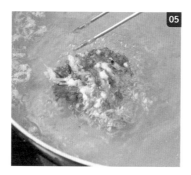

5초 정도 튀긴 후, 뒤집어 다시 15초 정도 튀긴다.

줄기의 끝부분을 손으로 잡아 튀김옷에 직접 담근다.

※ 튀김옷이 너무 많이 묻지 않도록 살살 휘젓듯이 담근다. 젓가락보다 손으로 직접 잡아 묻히는 것이 더 빠르다.

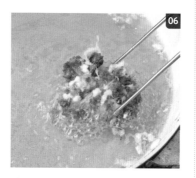

다시 반대로 뒤집어 15초 정도 튀긴다. 잎이 적당히 튀겨지고, 거품이 잠잠해지기 시작하면 건져낸다. 튀김용 기름종이에 올려 기름을 뺀다.

# 백합근

포슬포슬한 식감의 겨울 맛

제철이 짧은 만큼 백합근의 계절이 돌아오면 그 기쁨이 큽니다. 백합근은 포슬포슬한 식감이 생명이므로 튀김을 만들 때는 큼직하고 알이 굵은 것을 골라 꽃잎처럼 한 장씩 뜯어내 도톰하게 튀겨냅니다. 그렇게 만들면 고급스러운 단맛이 돋보이는 훌륭한 튀김이 됩니다.

백합근은 주로 전분질로 구성되어 있으므로 크기가 작은 것치고는 비교적 오래, 1분 30초 정도 튀겨야만 단맛이나 감칠맛이 충분히 우러나와 제대로 맛을 냅니다. 한 장씩 뜯어낸 백합근은 얇아서 기름에 잘 잠기므로 뒤집지 않아도 됩니다.

재료

백합근
박력분
튀김옷(→16~19쪽)
튀김용 기름
덴쓰유(→80쪽) 또는 소금

바깥쪽에서부터 한 장씩 벗겨낸다.
※ 꺾이거나 찢어지지 않게 살살 벗겨내세요. 이물질이 많이 묻어 있는 것은 버리고, 되도록 바깥쪽의 큰 조각을 사용합니다. 작은 조각이나 꺾인 조각은 찜 요리나 국을 끓일 때 쓰세요.

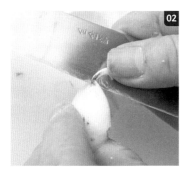

박력분을 묻히고, 젓가락으로 탁탁 쳐서 여분의 가루를 털어낸다.

1분 30초 정도 지나 위로 뜨기 시작하면 다 튀겨진 것이다.
※ 백합근의 뽀얀 빛깔이 잘 살도록 튀김옷이 은은한 연갈색을 띨 때까지만 튀깁니다.

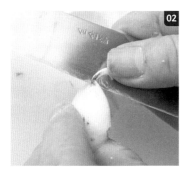

물에 깨끗이 씻은 다음 물기를 모두 닦아낸 후, 갈색을 띠는 가장자리나 가느다란 뿌리 부분은 칼로 벗겨낸다.

튀김옷에 담근다.

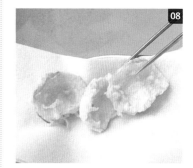

건져내어서 튀김용 기름종이에 올려 기름을 뺀다.

손질을 마친 백합근의 모습. 튀김용 기름을 불에 올려 180℃로 달군다.

180℃로 달군 튀김용 기름에 우묵한 부분이 위로 오게 넣는다.
※ 기름에 가라앉아 있는 동안 열이 가해지므로 건드리거나 뒤집지 말고 그대로 계속 튀깁니다.

**이상적인 튀김의 모습**

감자처럼 포슬포슬한 식감으로 변할 때까지 충분히 튀깁니다. 백합근의 아름다운 흰색이 잘 살도록 너무 오래 튀기지 않도록 합니다.

## 두릅 새싹

봄철 새싹의 맛을 듬뿍 느낄 수 있는

제철

봄

기름 온도

180℃에서
시작
▼
170℃를
유지

튀기는 시간

짧음

봄철에 새싹이 돋아나는 산나물은 쌉싸름한 맛이 매력적이지요. 그중에서도 튀김 재료로 특히 인기가 많은 것이 두릅 새싹입니다.

싹이 많이 자라거나 잎이 벌어진 두릅은 큼직한 만큼 씹는 맛이 있지만, 아직 작고 잎이 포개져 있는 새싹이 더 연하고 풍미가 좋아 튀김을 만들기 좋습니다. 꽃받침처럼 두릅을 감싸고 있는 얇은 껍질은 단단해서 식감이 떨어지므로 반드시 제거하고 새싹 부분만 튀깁니다. 또 새싹의 윗부분에는 연하고 맛 좋은 잎이 포개져 있으므로 튀김옷을 너무 많이 묻히지 않게 주의하세요.

재료

두릅 새싹
박력분
튀김옷(→16~19쪽)
튀김용 기름
덴쓰유(→80쪽) 또는 소금

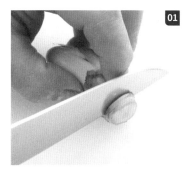

단단한 밑동을 잘라낸다.

싹을 감싸고 있는 껍질을 벗겨낸다. 싹을 젖은 행주로 닦아 이물질을 제거한다.

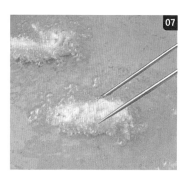

손질을 마친 두릅 새싹의 모습. 튀김용 기름을 불에 올려 180℃로 달군다.

박력분을 묻히고, 젓가락으로 탁탁 쳐서 여분의 가루를 털어낸다.

※ 새싹 안의 우묵한 부분에 튀김옷이 너무 많이 묻으면 튀김이 느끼해지므로 윗부분에 묻은 가루는 특히 신경 써서 털어냅니다.

튀김옷에 담근다.

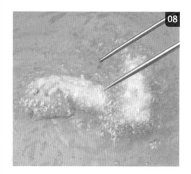

180℃로 달군 튀김용 기름에 넣고, 되도록 건드리지 말고 20초 정도 튀긴다.

※ 작은 거품이 잔뜩 생기면서 기름이 탁탁 높은 소리를 내며 튑니다.

반대로 뒤집어 30초 정도 튀긴다.

※ 거품이 조금 줄어들면서 기름이 잠잠해지기 시작합니다. 두릅의 밑동 부분이 무거워서 자꾸 가라앉지만, 신경 쓰지 말고 계속 튀깁니다.

3번 정도 더 뒤집으면서 1분간 더 익힌다.

※ 두릅 새싹은 모양이 고르지 않으므로 골고루 잘 익도록 자주 뒤집습니다. 거품이 줄어들고 기름이 튀는 소리가 낮아지면 거의 다 튀겨진 것입니다.

건져내어 튀김용 기름종이에 올려 기름을 뺀다. 튀김옷은 연한 녹색을 띤 두릅 새싹이 튀김옷 사이로 비쳐 보일 정도로 얇은 것이 좋다. 새싹의 연한 식감이 잘 살도록 단시간에 튀겨낸다.

# 머위 새순

쌉싸름한 봄의 맛이 매력적인

**제철**

초봄

**기름 온도**

180℃에서
시작
▼
170℃를
유지

**튀기는 시간**

짧음

떫은맛이 강하고, 쌉싸름한 맛이 매력적인 머위 새순. 꽃받침이 벌어지기 시작하면 아린 맛이 강해지고 단단해지므로 꽃받침이 닫혀 있는 꽃봉오리를 이용해 머위의 맛을 즐깁니다. 단, 그대로 튀기면 떫은맛 성분이 빠져나가질 않아 검게 변하고 쓴맛도 강해집니다. 그러므로 튀기기 전에 꽃봉오리가 드러나도록 꽃받침을 펼치는 작업을 해줘야, 쓴맛이 절반으로 줄어들고 보기에도 더 좋습니다. 눈 사이로 머위 새순이 모습을 드러내면 봄이 온다고들 합니다. 눈이 살포시 덮인 것처럼 머위 새순에 튀김옷을 얇게 입혀 1분 안에 빠르게 튀겨내세요.

재료

머위 새순
튀김옷(→16~19쪽)
튀김용 기름
덴쓰유(→80쪽) 또는 소금

꽃받침이 닫힌 상태에서 젖은 행주로 닦아
이물질을 제거한다. 줄기 부분을 잡고 반대
편 손으로 꽃받침을 한 장씩 조심스럽게 벌
린다.
※ 유독 단단한 꽃받침이 있다면 어차피 튀
겨도 맛이 없으니 떼어내세요.

꽃받침을 모두 벌리고 나면 원래 상태로 돌
아가지 않도록 꽃받침 전체를 누른다.

손질을 마친 머위 새순의 모습. 튀김용 기름
을 불에 올리고, 180℃로 달군다.

꽃받침을 손으로 잡고 꽃봉오리가 아래를 향
하게 튀김옷에 담근다.
※꽃봉오리에 튀김옷이 너무 많이 묻지 않도
록 박력분은 묻히지 않습니다. 젓가락으로는
머위 새순을 집기도 어렵고 튀김옷이 고르게
묻지도 않으므로 꽃받침을 손으로 벌리듯이
집어 튀김옷에 살짝 담그세요.

튀김옷을 묻힌 상태.
※ 우묵한 부분이 많은 꽃봉오리에 튀김옷이
너무 많이 들러붙지 않도록 여분의 튀김옷은
털어냅니다.

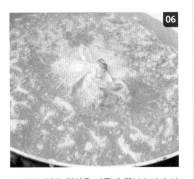

180℃로 달군 튀김용 기름에 꽃봉오리가 아
래를 향하게 넣어 20초 정도 튀긴다.
※ 처음에 꽃봉오리가 아래를 향하게 넣어
튀기면 꽃받침이 예쁘게 벌어져 안정적인 형
태가 됩니다. 튀김옷이 얇아서 작은 거품이
잔뜩 올라오고 튀김옷 찌꺼기가 많이 생기니
전부 건져내 주세요.

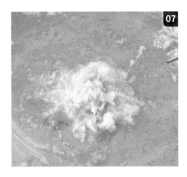

반대로 뒤집어 30초 정도 튀긴다.

거품이 줄어들고 기름이 튀는 소리가 낮아지
면 다 튀겨진 것이다. 건져내어 튀김용 기름
종이에 올려 기름을 뺀다.

이상적인 튀김의 모습

튀김옷이 얇고, 튀김이 바삭해야 합니다. 마
치 눈이 살포시 덮인 모습처럼 은은한 빛을
띠도록, 튀김옷을 너무 바싹 튀기지 않도록
합니다.

바삭한 식감을 즐길 수 있는

# 푸른 차조기 잎

| 제철 |
| --- |
| 여름 |

| 기름 온도 |
| --- |
| 180℃에서 시작 |
| ▼ |
| 170℃를 유지 |

| 튀기는 시간 |
| --- |
| 짧음 |

바삭바삭하고 아삭아삭하게 튀긴 잎이 맛있는 푸른 차조기. 튀김옷을 잎의 뒷면에만 묻혀서 튀기는 것이 핵심입니다. 이것은 얇은 잎에 비해 튀김옷이 무거워지지 않도록 하고, 무엇보다 앞면의 선명한 녹색이 잘 드러나게 하기 위해서입니다. 단, 잎의 양면이 모두 기름에 들어가지 않으면 튀김이 바삭해지지 않으므로 튀김옷을 묻히지 않은 앞면도 아래를 향하게 기름에 넣어 빠르게 튀깁니다. 잎이 기름에 뜨도록 살짝 올려 양면을 총 1분간 튀깁니다. 잎의 얇은 줄기 부분을 잡으면 튀김옷을 묻히거나 기름에 넣을 때 편하므로 줄기는 자르지 않고 그대로 두세요.

재료

푸른 차조기 잎
박력분
튀김옷(→16~19쪽)
튀김용 기름
덴쓰유(→80쪽) 또는 소금

**01**

젖은 행주로 이물질과 솜털을 닦아낸다. 앞면은 결을 따라 닦고, 뒷면은 행주를 대고 검지로 가볍게 누른다. 튀김용 기름을 불에 올리고 180℃로 달군다.

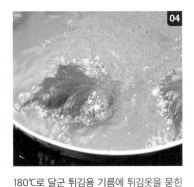

**04**

180℃로 달군 튀김용 기름에 튀김옷을 묻힌 부분이 아래로 오게 살짝 올린다. 그대로 가만히 30초 정도 튀겨 튀김옷을 굳힌다.

※ 튀김옷이 굳기 시작하면 잎과의 사이에 공기가 들어가 부풀어 오릅니다. 이것을 기준으로 삼으세요.

**07**

튀김옷에서 나오는 거품이 줄어들고, 기름이 튀는 소리가 낮아지면 다 튀겨진 것이다. 건져내어 튀김용 기름종이에 올려서 기름을 뺀다.

※ 접시에 담을 때는 선명한 녹색 잎이 잘 보이도록 튀김옷이 아래를 향하게 놓습니다.

**02**

줄기를 잡고 잎 뒷면으로 쓰다듬듯이 박력분을 묻힌다.

**05**

젓가락으로 살짝 들어 반대로 뒤집은 후, 15초 정도 튀긴다.

※ 젓가락으로 집으면 잎이 뭉개질 수 있으므로 되도록 건드리지 말고, 젓가락으로 살짝 들어 뒤집습니다.

**이상적인 튀김의 모습**

잎과 튀김옷 사이에 틈이 생겨야 합니다. 이렇게 틈이 있어야 튀겼을 때 잎이 바삭해집니다.

**03**

이어서 튀김옷도 쓰다듬듯이 하여 뒷면에만 묻힌다.

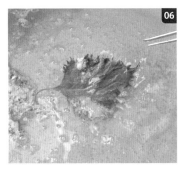

**06**

다시 반대로 뒤집어 튀김옷을 15초 정도 튀긴다.

# 파드득나물

녹색과 흰색의 대조가 아름다운

| 제철 |
|---|
| 여름 |

| 기름 온도 |
|---|
| 180℃에서 시작 ▼ 170℃를 유지 |

| 튀기는 시간 |
|---|
| 짧음 |

파드득나물 튀김은 줄기가 부드럽고 향이 풍부한 '절단 파드득나물'이 잘 어울립니다. 줄기가 두껍고 섬유가 질긴 '뿌리 파드득나물'이나 절단 파드득나물보다 더 가는 '실 파드득나물'은 묶어서 튀기기에는 적합하지 않으므로 약 2cm 길이로 잘게 썰어 가키아게를 만들 때 넣으세요. 파드득나물은 튀김옷을 줄기에만 묻혀야 합니다. 잎은 튀김옷을 묻히지 않고 튀겨 향을 내고, 흰색과 녹색이 강한 대비를 이루게 합니다. 3~4줄기를 합친 다음, 줄기의 한쪽 끝을 감아 묶으면 튀기기도 쉽고 모양도 예쁘게 나옵니다.

재료

파드득나물(절단 파드득나물)
박력분
튀김옷(→16~19쪽)
튀김용 기름
덴쓰유(→80쪽) 또는 소금

파드득나물 3~4줄기를 합쳐 잎의 아랫부분을 왼손으로 쥔다. 왼손으로 쥔 부분부터 줄기 끝까지 오른손으로 손끝에 힘을 주어 꾹꾹 눌러 내려간다.

※ 으깨지는 소리가 날 때까지 꾹꾹 누릅니다. 이렇게 해야 줄기가 부드러워져서 묶을 때 꺾이지 않습니다.

손질을 마친 파드득나물의 모습. 튀김용 기름을 불에 올리고 180℃로 달군다.

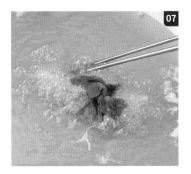

180℃로 달군 튀김용 기름에 줄기가 아래로 가게 파드득나물을 살짝 올린다. 그대로 가만히 30초 정도 튀겨 튀김옷을 굳힌다.

그대로 줄기를 왼손 엄지에 둥글게 말아(왼손으로 쥔 부분의 바깥쪽으로 만다) 고리를 만든다. 왼손 검지 아래에 닿는 부분을 고리 안으로 밀어 넣는다.

줄기 부분에만 박력분을 묻힌다.

※ 젓가락으로 집지 말고 손으로 직접 고리 부분을 잡아야 더 깔끔하게 밀가루를 묻힐 수 있습니다.

젓가락으로 살짝 들어 반대로 뒤집은 후, 15초 정도 튀긴다.

※ 잎이 뭉개지지 않도록 젓가락으로 집지 말고, 밑에서부터 살짝 들어 뒤집습니다.

고리 반대편에서 오른손 손가락으로 줄기를 끄집어내고, 왼손은 매듭을 잎의 아랫부분 방향으로 잡아당겨 매듭을 조인다. 줄기 끝을 잘라내어 길이를 맞춘다.

※ 매듭이 좌우의 중심에 오게 위치를 조정합니다.

튀김옷도 마찬가지로 줄기에만 묻힌다.

다시 반대로 뒤집어 30초 정도 튀긴다. 튀김옷에서 나오는 거품이 줄어들고, 기름이 튀는 소리가 작아지면 다 튀겨진 것이다. 건져내어 튀김용 기름종이에 올려 기름을 뺀다. 튀김옷을 묻히지 않고 튀긴 잎 부분이 조금 바삭해지게 튀긴다.

# 양하

산뜻한 향을 맛볼 수 있는

**제철**

초여름

**기름 온도**

180℃에서
시작
▼
170℃를
유지

**튀기는 시간**

짧음

양하는 선명한 붉은색과 산뜻한 향 그리고 아삭한 식감을 잘 살려 튀깁니다. 안쪽에 필요 이상으로 수분을 남기면 물컹해지므로 뒤집어가면서 수분을 충분히 빼서 가볍게 만드세요.

양하는 양파처럼 비늘 같은 잎으로 싸여 있어서, 튀김옷이 안쪽까지 스며들면 기름질 수 있습니다. 그러니 튀김옷을 입히거나 기름에 빠뜨릴 때, 반으로 자른 단면이 아래를 향하게 넣어 튀김옷이 잎 사이로 들어가지 않게 하세요.

재료

양하
박력분
튀김옷(→16~19쪽)
튀김용 기름
덴쓰유(→80쪽) 또는 소금

**01**

흙 같은 이물질을 젖은 행주로 닦아낸 다음, 줄기 끝을 잘라낸다. 세로로 반을 자른 뒤, 앞면에 비스듬하게 한 번, 절반 정도의 깊이로 칼집을 낸다.

※ 섬유질과 수직 방향으로 칼집을 내어 섬유질을 끊으면, 씹기도 편하고 열도 더 잘 전달되어 튀겼을 때 바삭해집니다.

**04**

튀김옷에 담근다.

※ 이때도 양하의 잎 사이에 튀김옷이 과하게 스며들지 않도록 단면이 아래를 향하게 넣습니다.

**07**

다시 1분 동안, 세 번 정도 뒤집어가면서 양면을 고르게 튀긴다.

**02**

손질을 마친 양하의 모습. 튀김용 기름을 불에 올리고 180℃로 달군다.

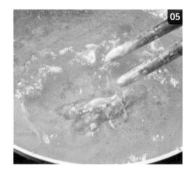

**05**

180℃로 달군 튀김용 기름에 양하를 단면이 아래로 오게 넣은 다음, 1분 정도 튀긴다.

※ 저희 가게에서는 양하를 멀리서 기름에 던져 넣어 여분의 가루를 털어냅니다. 하지만 이 방법은 기름이 튀기 쉬우므로, 가정에서는 그냥 흔들어서 가루를 털어낸 후 기름에 넣으시길 바랍니다.

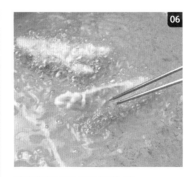

**08**

튀김옷에서 나오는 거품이 줄어들고, 기름이 튀는 소리가 작아지면 다 튀겨진 것이다. 건져내어 튀김용 기름종이에 올려서 기름을 뺀다.

**03**

박력분을 묻힌 후, 자른 단면이 아래를 향하게 잡고 젓가락으로 톡톡 쳐서 여분의 가루를 털어낸다.

※ 박력분이 양하의 잎 사이로 들어가지 않도록 단면이 아래를 향하게 놓고 텁니다.

**06**

젓가락으로 살짝 들어 뒤집는다.

※ 양하 잎이 뭉개지지 않도록 젓가락으로 집지 않고 살짝 들어 뒤집습니다.

**이상적인 튀김의 모습**

잘 만든 양하 튀김은 앞면의 붉은색이 튀김옷 사이로 비쳐 보여야 합니다. 그리고 속까지 잘 익으면서도 아삭한 식감과 향이 살아 있어야 합니다.

# 잎생강

여름에 수확하는 생강에서만 느낄 수 있는 맛

매운맛이 강한 생강도 기름에 튀기면 매운맛이 순화되고 향이 도드라져 맛있게 먹을 수 있습니다. 햇생강도 튀김으로 만들기 좋지만, 여기서는 여름에만 맛볼 수 있는 잎생강을 사용할 생각입니다. 잎생강 한 줄기에 달린 뿌리줄기가 한입에 먹기 딱 적당하며, 긴 잎을 자르지 않고 그대로 두면 나중에 기름에 넣거나 뒤집을 때 편합니다.

튀김으로 먹는 뿌리줄기는 표면이 고르지 않으므로 먼저 튀김옷을 한 번 묻혀 표면을 매끄럽게 정리한 후에 박력분과 두 번째 튀김옷을 묻힙니다. 촉촉한 식감이 잘 살도록 짧은 시간 내에 빠르게 튀겨냅니다.

재료

잎생강(저자는 일본 야나카 지역에서 재배되는 잎생강을 사용-옮긴이)
박력분
튀김옷(→16~19쪽)
튀김용 기름
덴쓰유(→80쪽) 또는 소금

**01**

식칼로 껍질을 쓰다듬듯이 얇게 벗겨낸 후, 뿌리줄기 끝을 5mm 정도 잘라낸다.
※ 껍질이 단단한 경우에는 칼날로 얇게 깎으세요. 많은 양을 손질할 때는 붉은 부분에 맞춰 잎생강을 가지런히 놓고 끝을 한꺼번에 잘라내어 일정한 길이로 만들면 튀기기 편합니다.

**02**

손질을 마친 잎생강의 모습. 튀김용 기름을 불에 올리고 180℃로 달군다.

**03**

줄기를 잡은 채 먼저 튀김옷에 한 번 담근다.
※ 잎생강은 표면이 울퉁불퉁해서 튀김옷이 고르게 묻지 않으므로, 튀김옷을 먼저 한 번 묻혀 표면을 매끄럽게 정리합니다.

**04**

박력분을 묻힌다.

**05**

한 번 더 튀김옷에 담근다.
※ 튀김옷을 두 번 묻히면 표면이 도톰하고 매끄러워집니다.

**06**

180℃로 달군 튀김용 기름에 넣는다. 되도록 건드리지 말고, 그대로 30초 정도 튀긴다.

**07**

줄기를 잡고 반대로 뒤집는다. 30초 정도 튀기면 다시 반대로 뒤집는다.

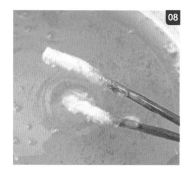

**08**

튀김옷에서 나오는 거품이 줄어들고, 기름이 튀는 소리가 작아지면 다 튀겨진 것이다. 건져내어 튀김용 기름종이에 올려 기름을 뺀다.
※ 줄기 부분을 짧게 잘라내어 접시에 담으세요.

**이상적인 튀김의 모습**

튀김옷은 뿌리의 붉은 부분이 비칠 정도로 얇아야 좋고, 색이 너무 진해지지 않도록 빠르게 튀겨내는 것이 좋습니다. 비스듬히 썰어 그릇에 담으면 향이 올라옵니다. 단면에 촉촉한 수분이 맺혀야 잘 튀겨진 것입니다.

# 표고버섯

감칠맛이 풍부한 즙이 입안 가득 퍼지는

| 제철 |
| --- |
| 가을 |

| 기름 온도 |
| --- |
| 180℃에서 시작<br>▼<br>170℃를 유지 |

| 튀기는 시간 |
| --- |
| 긺 |

저희 가게에서는 원목 재배한 표고버섯을 사용합니다. 이런 표고버섯이 균 냄새가 적고 육질이 두툼하며, 기름을 과하게 빨아들이거나 쪼그라들지 않아서 튀김에 적합합니다. 보통은 톱밥 배지에 재배한 표고버섯이 일반적인데, 이때도 갓이 두툼하고 너무 많이 퍼지지 않은 것이 좋습니다.

표고버섯은 통째로 튀기는 게 좋습니다. 자르면 향이 날아가기 쉽고, 감칠맛을 내는 즙도 빠져나가 버립니다. 칼집을 내서도 안 됩니다. 갓 아래 주름살에는 향기 성분과 수분이 많으므로 주름살이 아래를 향하게 기름에 넣고 오래 튀겨 향을 퍼뜨리고 여분의 수분을 날려 버립니다.

재료

표고버섯
박력분
튀김옷(→16~19쪽)
튀김용 기름
덴쓰유(→80쪽) 또는 소금

■ 키친타월

**01**

표고버섯을 잡고 과도 날 앞부분을 표고버섯의 기둥 위쪽에 댄다. 표고버섯을 빙글빙글 돌려 기둥을 잘라낸다.

※ 이렇게 하면 주름살에 손상을 가하지 않고 기둥을 말끔히 잘라낼 수 있습니다.

**04**

갓의 양면에 박력분을 묻히고, 갓의 윗부분을 젓가락으로 톡톡 두드려 주름살 사이에 낀 여분의 가루를 털어낸다.

※ 주름살 안쪽까지 박력분이 들어가지 않도록 사진에 나온 것처럼 표면에만 얇게 묻힙니다.

**07**

여러 번 뒤집으면서 4~5분간 튀긴다. 이때 주름살이 위보다 아래를 향하는 시간이 더 길게 한다.

※ 주름살이 아래를 향할 때는 주름살 안쪽까지 기름이 들어가지 않지만, 주름살이 위를 향하면 우묵한 부분에 기름이 고여 안쪽까지 열이 쉽게 전달되어 버립니다. 기름이 안쪽에 고이지 않도록 자주 뒤집어 주세요.

**02**

갓의 주름살이 아래를 향하게 키친타월에 놓고, 칼등으로 갓의 윗부분을 톡톡 두드려 주름살 사이에 낀 이물질을 털어낸다.

**05**

주름살이 아래로 향하게 튀김옷에 담갔다가 건진 다음, 그대로 180℃로 달군 튀김용 기름에 넣는다. 되도록 건드리지 말고, 그대로 1분 정도 튀긴다.

※ 작은 거품이 잔뜩 생기면서 기름이 탁탁 높은 소리를 내며 튑니다.

**08**

튀김옷에서 나오는 거품이 적어지고, 기름이 튀는 소리가 작아지면 다 튀겨진 것이다. 건져내 튀김용 기름종이에 올려 기름을 뺀다.

**03**

손질을 마친 표고버섯의 모습. 튀김용 기름을 불에 올리고 180℃로 달군다.

**06**

젓가락으로 살짝 들어 반대로 뒤집는다. 30초 정도 튀겨 갓 윗면에 묻은 튀김옷을 굳힌다.

※ 반대로 뒤집을 때 젓가락으로 집지 마세요. 젓가락을 튀김 아래에 넣고 살짝 들어 뒤집어야 튀김옷이 벗겨지지 않습니다.

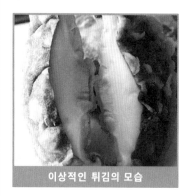

**이상적인 튀김의 모습**

잘 만든 표고버섯튀김은 반으로 잘랐을 때 단면이 촉촉하고, 안에 갇혀 있던 향이 단숨에 퍼집니다.

# 만가닥버섯

생김새도 귀엽고 감칠맛도 풍부한

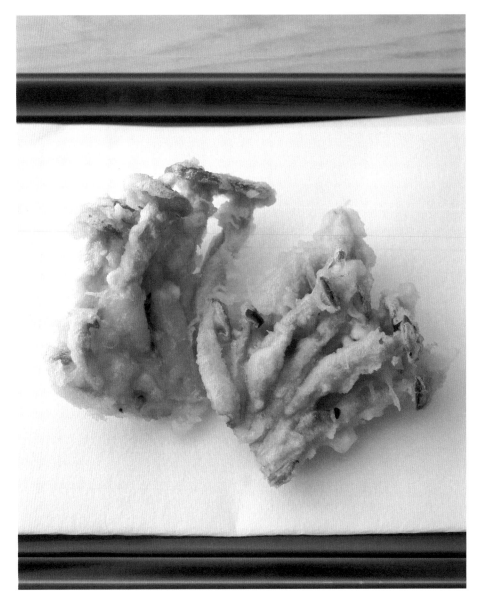

**제철**

가을~겨울

**기름 온도**

180℃에서
시작
▼
170℃를
유지

**튀기는 시간**

짧음

만가닥버섯이나 느티만가닥버섯은 여덟 가닥 정도씩 뜯어서 써야 튀기기도 쉽고 맛도 가장 좋습니다. 원기둥 형태로 뜯으면 안쪽까지 열이 잘 전달되지 않으므로 평평한 형태로 뜯어야 합니다. 버섯이 붙어 있는 아래쪽에만 칼집을 살짝 낸 후, 손으로 찢습니다.

만가닥버섯은 가느다란 버섯이 촘촘히 붙어 있는 만큼 표면적이 넓고 수분이 잘 빠져나가서 튀겼을 때 질겨지기 쉽습니다. 자주 뒤집으면서 수분을 적당히 유지해주세요.

재료

만가닥버섯*
박력분
튀김옷(→16~19쪽)
튀김용 기름
덴쓰유(→80쪽) 또는 소금

■ 키친타월

* '덴푸라 곤도'에서는 자연산 땅찌만가
닥버섯을 사용하지만, 가정에서는 사진
에 나온 것처럼 흔히 파는 만가닥버섯이나
느티만가닥버섯을 사용해도 된다.

01

만가닥버섯 한 뭉치를 손으로 찢어 반으로 가른다. 버섯 가닥이 간신히 붙어 있을 정도까지 밑동을 짧게 잘라낸다.
※ 도마에 키친타월을 깔고 작업하면 도마를 씻지 않아도 되어 편합니다.

04

손질한 버섯 전체에 박력분을 묻히고, 젓가락을 탁탁 쳐서 여분의 가루를 털어낸다.

07

젓가락으로 살짝 들어 뒤집은 다음, 30초 정도 튀긴다.
※ 만가닥버섯은 튀기는 동안, 윗면에 묻힌 튀김옷이 틈새로 흘러내리기 쉬우므로 서둘러 반대편으로 뒤집습니다. 기름이 튀는 소리가 작아졌을 때, 반대로 뒤집으면 됩니다.

02

칼로 밑동 부분에 칼집을 낸 다음, 그 부분을 손으로 찢어 반으로 가른다. 같은 작업을 반복해서 여덟 가닥 정도가 평평하게 붙어 있는 뭉치를 만든다. 이때 남아 있는 밑동 부분이 있으면 자른다.

05

튀김옷에 담갔다 꺼낸 후, 갓 부분이 아래를 향하게 들어 여분의 튀김옷을 털어낸다.
※ 버섯 가닥 사이에 낀 튀김옷도 털어냅니다.

08

다시 반대로 뒤집은 다음, 15초 간격으로 자주 뒤집어가며 약 2분간 더 튀긴다. 거품이 커지고 기름이 튀는 소리가 작아지면 다 튀겨진 것이다.

03

손질을 마친 만가닥버섯의 모습. 튀김용 기름을 불에 올리고 180℃로 달군다.

06

180℃로 달군 튀김용 기름에 넣고, 아랫면의 튀김옷이 굳을 때까지 15초 정도 튀긴다.
※ 버섯은 수분이 많아서 기름에 넣으면, 작은 거품이 잔뜩 생기면서 기름이 탁탁 높은 소리를 내며 튑니다.

09

건져내어 튀김용 기름종이에 올려 기름을 뺀다. 튀김옷이 한 덩어리로 뭉치지 않고, 버섯을 가닥가닥 감싸고 있으면 잘 튀겨진 것이다.
※ 튀김을 자르거나 찢으면 수분이 빠져나가므로 그대로 그릇에 담습니다.

# 잎새버섯

향과 수분을 머금은

잎새버섯은 버섯 중에서도 쉽게 마르는 편입니다. 그렇기에 되도록 수확한 지 얼마 지나지 않아, 갓이 수분을 머금고 있는 버섯을 선택하는 것이 중요합니다. 만가닥버섯과 마찬가지로 평평한 모양으로 찢어야 열이 잘 전달되는데, 그렇다고 또 너무 얇으면 잎새버섯이 지닌 고유의 향이 날아가기 쉬우므로 적당한 두께로 찢어야 합니다. 또 갓과 갓 사이에 틈이 많아 튀김옷이 고이기 쉬우므로, 튀김옷이 두꺼워지지 않도록 튀김옷을 조금 묽게 만들어서 잎새버섯의 촉촉한 식감을 잘 살리는 것이 좋습니다.

재료

잎새버섯*
박력분
튀김옷(→16~19쪽. 조금 묽게)
튀김용 기름
덴쓰유(→80쪽) 또는 소금

* 농가에서 재배한 잎새버섯은 그대로 사용하지만, 자연산 잎새버섯은 이물질이 많이 붙어 있으므로 마른 솔로 털어낸 후 사용한다.

**01**

버섯 밑동에 칼집을 낸 다음, 손으로 찢어 반으로 나눈다. 같은 작업을 반복해 버섯을 얇고 평평한 부채꼴 모양으로 만든다. 마지막에 남은 밑동 부분을 칼로 잘라낸다.

※ 손으로 자연스럽게 찢어야 버섯이 가닥가닥 떨어지지 않고 수분이나 향도 덜 날아갑니다.

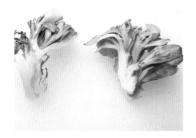

**02**

손질한 잎새버섯의 모습. 튀김용 기름을 불에 올리고 180℃로 달군다.

**03**

손질한 버섯 전체에 박력분을 묻히고, 젓가락으로 톡톡 쳐서 여분의 가루를 털어낸다.

**04**

튀김옷에 담갔다 꺼낸 후, 여분의 튀김옷을 털어낸다.

※ 튀김옷이 두툼해지지 않게 조심합니다.

**05**

180℃로 달군 튀김용 기름에 넣고, 20초 정도 튀겨 아랫면의 튀김옷을 굳힌다.

※ 작은 거품이 잔뜩 생기면서 기름이 탁탁 높은 소리를 내며 튑니다.

**06**

젓가락으로 살짝 들어 뒤집은 다음, 다시 30초 정도 튀긴다.

※ 잎새버섯은 튀기는 동안, 윗면에 묻힌 튀김옷이 틈새로 흘러내리기 쉬우므로 재빨리 반대편으로 뒤집습니다. 기름이 튀는 소리가 작아졌을 때, 반대편으로 뒤집으면 됩니다.

**07**

다시 반대편으로 뒤집은 다음, 15초 간격으로 자주 뒤집으면서 튀긴다. 2분 정도 지나 거품이 커지고 기름이 튀는 소리가 작아지면 다 튀겨진 것이다.

**08**

갓 부분이 아래를 향하게 집은 다음, 튀김용 기름종이에 올려 기름을 뺀다.

※ 잎새버섯은 너무 오래 튀기면 질겨집니다. 건져낼 타이밍을 놓치지 않도록 주의하세요. 또 튀김을 자르거나 찢으면 수분이 빠져나가므로 그대로 그릇에 담습니다.

**이상적인 튀김의 모습**

튀김옷이 얇고, 속은 수분이 충분히 남아 있어서 촉촉하며, 향이 진하면 잘 튀겨진 것입니다.

# 송이버섯

하나를 통째 튀겨낸 호사의 극치

**제철**

가을

**기름 온도**

180℃에서
시작
▼
170℃를
유지

**튀기는 시간**

짧음

독보적으로 맛있는 송이버섯 튀김을 선보이고 싶은 마음으로 고안해낸 요리입니다.

송이버섯의 '맛의 본질'은 향과 식감에 있습니다. 그리고 이를 결정하는 핵심은 송이버섯 전체의 70%를 차지하는 수분에 있습니다. 그래서 열이 잘 전달되도록 칼집을 내고, 송이버섯과 잘 어울리는 영귤을 그 사이에 끼워 넣어 송이버섯 하나를 통째로 튀겨냈습니다. 버섯을 너무 오래 튀기면 송이버섯의 식감이 떨어져 버리니 주의하세요. 먹기 좋고 향긋하기까지 한 새로운 송이버섯의 매력에 흠뻑 빠져 보세요.

재료

송이버섯
영귤
박력분
튀김옷(→16~19쪽)
튀김용 기름
와사비
소금 또는 덴쓰유(→80쪽)

■ 키친타월

송이버섯은 모양이 반듯하고 기둥이 단단한 것을 고른다. 기둥에 벌레가 잘 달라붙으므로, 구멍이 나 있는 기둥은 벌레가 갉아 먹었을 가능성이 크다. 또 튀김을 만들 때는 갓이 너무 벌어지지 않은 것을 골라야 영귤을 꽂기 쉽다.

송이버섯의 갓 중앙에 기둥에까지 살짝 닿을 정도로 세로로 깊이 칼집을 낸다. 칼집 사이에 둥글게 썬 영귤을 한 장 끼운다. 튀김용 기름을 불에 올리고 180℃로 달군다.
※ 송이버섯의 정중앙을 관통하는 선을 상상하면서 거기에 맞춰 칼집을 내세요.

반대로 뒤집은 다음, 약 30초 간격으로 두세 번 뒤집으며 튀긴다.
※ 거품이 점차 작아지면서 기름이 튀는 소리도 줄어듭니다.

키친타월을 물에 적셔 송이버섯 표면이나 기둥의 이물질을 살살 닦아낸다.
※ 송이버섯을 비롯한 버섯류는 물로 씻지 말아야 합니다. 물에 적신 키친타월 등으로 닦아내세요.

박력분을 묻힌 다음, 젓가락으로 탁탁 쳐서 여분의 가루를 털어낸다. 이어서 튀김옷에 담근다.

2분이 조금 모자라게 튀기면 다 된 것이다. 건져내 튀김용 기름종이에 올려 기름을 뺀다. 튀김은 갓 부분부터 먼저 먹는 것이 좋다.

밑동의 단단한 부분은 연필을 깎듯이 칼로 벗겨낸다. 영귤은 약 3mm 두께로 둥글게 자른다.
※ 영귤은 기름에 튀겨도 풍미가 변하지 않아 음식의 풍미에 악센트를 줍니다. 이렇게 영귤을 함께 튀기면, 송이버섯 튀김에 영귤즙을 뿌려 먹는 것보다 훨씬 맛있습니다.

180℃로 달군 튀김용 기름에 넣고 30초 정도 튀긴다.
※ 두툼한 송이버섯 한 개를 통째로 튀기지만, 칼집 사이로 열이 딱 알맞게 전달됩니다. 기름에 넣자마자 주변에 거품이 잔뜩 생깁니다.

**이상적인 튀김의 모습**

기둥 한가운데가 반쯤 익어서 촉촉하고 도톰한 상태가 이상적입니다. 너무 익히면 질겨집니다.

# 은행

튀김옷 없이 단순한 조리로 재료의 맛을 끌어내는

| 제철 |
| --- |
| 늦여름~가을 |

| 기름 온도 |
| --- |
| 175℃에서 시작 ▼ 170℃를 유지 |

| 튀기는 시간 |
| --- |
| 짧음 |

8월 하순 무렵, 아직 녹색을 띠는 은행 열매로 만들고 싶어지는 튀김입니다. 튀김이지만 튀김옷은 입히지 않습니다. 튀김옷으로 막을 씌우면 은행 열매 특유의 냄새가 남아 버리기 때문입니다. 그냥 기름에 튀겨서 고약한 냄새를 날려버리면 그윽한 향만 남습니다. 또 은행 열매를 기름에 튀기면 산나물처럼 쌉싸름한 맛이 줄어들어 더욱 맛있어집니다. '튀김옷을 입히지도 않은 걸 튀김이라고 할 수 있나요?'라는 생각이 들겠지만, 튀김을 '기름에 튀겨서 재료 본연의 맛을 끌어내는 요리'라 한다면, 반드시 튀김옷을 입힐 필요는 없다는 것이 제 생각입니다.

재료

은행
튀김용 기름
소금 또는 덴쓰유(→80쪽)

여기서는 8월 하순 무렵에 나오는 녹색 은행 열매를 사용한다. 가을에 나오는 진한 노란색 은행 열매로 만들어도 맛있지만, 은행 열매가 아름다운 비취색을 띠는 것은 오직 이 시기뿐이다.

껍질을 깐 은행 열매의 모습. 튀김용 기름을 불에 올리고 175℃로 달군다.

**이상적인 튀김의 모습**

비취처럼 아름답고 선명한 은행의 색이 잘 드러나게 튀기는 것이 중요합니다. 오직 이 시기에만 맛볼 수 있는 별미입니다.

단단한 은행을 능선이 위아래에 오게 견과류 망치에 넣고 금이 가게 살짝 누른다.

튀김망에 은행을 담고 175℃로 달군 튀김용 기름에 넣는다.
※ 박력분이나 튀김옷은 묻히지 않습니다. 기름에 직접 넣어 쓴맛을 제거합니다. 은행의 선명하고 아름다운 색이 식욕을 더 자극합니다.

껍질을 벗긴다.

15~20초 동안 튀긴 후 건져내어 튀김용 기름종이에 올려 기름을 뺀다.

'튀김은 잔열 조리'라는 것이 저의 지론인데, 그 전형적인 예가 지금부터 소개할 채소튀김입니다.
고구마나 단호박처럼 전분질이 많고 속이 꽉 찬 재료를 큼직하게 썰어 튀긴 다음,
기름에서 건져내어 잔열로 오래 뜸을 들이면, 속까지 부드럽고 포슬포슬하게 익습니다.

# 고구마

5 센티미터 두께로 튀기는

| 제철 |
| --- |
| 겨울 |

| 기름 온도 |
| --- |
| 180℃에서 시작 |
| ▼ |
| 170℃를 유지 |

| 튀기는 시간 |
| --- |
| 긺 |

군고구마처럼 포슬포슬하고 부드러우며 달콤한 고구마의 맛을 튀김에도 그대로 재현하고 싶다는 생각으로 만든 것이 원통 모양의 고구마튀김입니다. 지금은 '덴푸라 곤도'를 대표하는 메뉴가 되었지요.

튀기는 시간이 약 30분으로 길지만, 이 단계에서는 아직 겉만 향긋하게 튀겨졌을 뿐, 속은 완전히 익지 않은 상태입니다. 이렇게 튀긴 고구마를 키친타월로 감싸 그대로 10분간 잔열로 천천히 뜸을 들여 부드러운 식감과 풍미를 끌어냅니다. 이렇게 만든 고구마튀김을 자르면 단면이 아름다운 황금색을 띱니다.

재료

고구마*
박력분
튀김옷(→16～19쪽)
튀김용 기름
덴쓰유(→80쪽) 또는 소금

■ 키친타월

* '덴푸라 곤도'에서 사용하는 고구마는 '베니아즈마'다. 단맛이 강하고 감칠맛도 있는 품종이다. 수확 후 저장고에서 3개월간 숙성 기간을 거치는데, 그 사이에 전분질이 당질로 바뀌어 단맛이 강해진다.

고구마를 5cm 두께로 썬다.

※ '덴푸라 곤도'에서 내는 튀김 두께는 7cm 지만, 가정에서는 좀 더 튀기기 쉽게 5cm 두께로 썰기를 추천합니다. 크기는 지름이 7~8cm인 것이 적당합니다.

전체에 박력분을 묻히고, 젓가락으로 탁탁 쳐서 여분의 가루를 털어낸다.

1분이 지나기 전에 다시 반대편으로 뒤집거 나 옆으로 쓰러뜨리는 작업을 반복하면서 골 고루 익힌다.

※ 고구마가 무거워서 기름에 뜨지 않고 프 라이팬 바닥에 붙어 있게 되므로, 눌어붙지 않도록 자주 방향을 바꿉니다.

껍질은 돌려 깎고, 두꺼운 수염뿌리는 말끔 히 도려낸다.

※ 열이 고르게 전달되도록 두툼한 부분은 껍질을 두껍게 깎아 반듯한 원통형으로 다듬 습니다. 껍질 두께를 신경 쓰지 말고, 형태를 다듬는 데 집중합니다. 껍질을 깎으면 조리 시간 단축 효과가 있습니다.

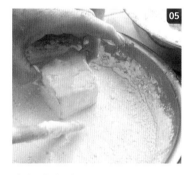

튀김옷에 담근다.

※ 튀김옷이 벗겨지기 쉬우므로 골고루 잘 묻힙니다. 박력분과 튀김옷이 고구마의 껍질 을 대신해 속살을 보호해주므로 잔열 조리가 순조롭게 진행됩니다.

표면이 향긋한 갈색빛으로 변할 때까지 총 30분간 튀긴다.

※ 기름 온도가 떨어지기 시작하면 화력을 올려 170℃를 유지하세요. 튀김이 익으면 표 면이 고구마 껍질처럼 진한 색을 띠고, 달콤 한 향이 나기 시작합니다.

손질을 마친 고구마의 모습. 튀김용 기름을 불에 올려 180℃까지 달군다.

※ 껍질을 벗기면 거뭇거뭇해지는 부분이 있 는데, 그런 부분은 도려내주세요. 공기에 오 래 접촉하면 더 검게 변하므로 튀기기 직전 에 껍질을 벗기는 것이 좋습니다.

180℃로 달군 튀김용 기름에 넣고 20초 정 도 튀긴 후 바로 뒤집는다.

※ 고구마가 크고 무거우므로 손으로 들어서 기름에 넣습니다. 기름 온도가 떨어지기 전에 반대편으로 뒤집어 튀김옷 전체를 굳힙니다.

기름에서 건져내어 한 개씩 키친타월로 싸서 10분 정도 잔열로 뜸을 들인다.

# 단호박

단맛이 잘 살도록 두껍게 썰어 튀기는

**제철**

가을

**기름 온도**

180℃에서
시작
▼
170℃를
유지

**튀기는 시간**

김

단호박튀김이라고 하면 단호박을 얇게 썰어 튀기는 경우가 많지만, '덴푸라 곤도' 스타일의 단호박튀김은 고구마튀김과 마찬가지로 큼직한 블록 형태로 잘라 튀겨내어 입안 가득 포슬포슬한 식감을 느낄 수 있습니다. 특히 단호박 단맛이 진해지는 9~10월에 먹기를 추천합니다. 단호박 한 개를 4등분해서 튀기므로 되도록 작은 단호박을 고르는 것이 좋습니다. 4등분 후 열이 빠르고 고르게 전달될 수 있도록 양쪽 끝을 잘라내어 직육면체에 가까운 형태로 다듬습니다. 튀기는 시간은 17~18분 정도이며, 10분간 잔열로 뜸을 들여 완성합니다.

**재료**

단호박
박력분
튀김옷(→16~19쪽)
튀김용 기름
덴쓰유(→80쪽) 또는 소금

■ 키친타월

단호박 꼭지의 옆부분에 식칼을 찔러넣은 후 옆면을 따라 바닥까지 자른 다음, 거기서 방향을 90도 꺾어 다시 꼭지 쪽까지 칼자국을 내며 돌아온다. 바닥 면이 위로 오게 놓고, 칼자국에 칼끝을 대고 안쪽까지 깊숙이 찔러넣어 단호박 4분의 1개를 잘라낸다. 같은 방법으로 나머지도 4분의 1개로 자른다.

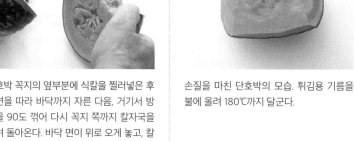

꼭지는 손으로 뜯어내고, 씨와 섬유질은 양 끝에 칼자국을 낸 다음, 칼등을 아래로 하고 단호박의 곡선을 따라 도려내듯이 파낸다.
※ 단호박의 섬유질은 감칠맛이 나지 않고 쉽게 타므로 말끔히 제거한다.

과육의 양 끝을 잘라내어 좌우 대칭을 맞춘다. 그런 다음 껍질이 위로 오게 놓고, 단면 가장자리의 껍질을 얇게 깎아낸다.
※ 양 끝을 그대로 두면 기름이 잠기지 않는데다 우묵한 곳에 기름이 잘 들어가지 않아 열이 골고루 전달되지 않습니다.

손질을 마친 단호박의 모습. 튀김용 기름을 불에 올려 180℃까지 달군다.

손질한 단호박 전체에 박력분을 묻히고, 젓가락으로 탁탁 쳐서 여분의 가루를 털어낸 뒤, 튀김옷에 담근다.

180℃로 달군 기름에 단호박의 껍질이 아래를 향하고, 우묵한 부분이 위로 가게 넣는다.
※ 우묵한 부분에 기름이 닿지 않을 때는 국자 등으로 기름을 떠서 끼얹습니다.

약 1분 간격으로 뒤집으면서 10분 정도 계속 튀긴다.
※ 기름 온도가 너무 떨어지지 않도록 5분 정도 지나면 화력을 한 번 올렸다가 다시 내리는 식으로 해서, 기름 온도를 170℃로 유지합니다.

10분이 지나면 2~3분 간격으로 단호박을 뒤집으면서 7~8분 정도 더 튀긴 후, 건져낸다.
※ 화력을 계속 조절하면서 온도를 유지합니다. 다 튀겨질 때쯤에는 튀김이 가볍고 노릇노릇해지는 데다 기름도 거의 튀지 않습니다.

키친타월로 감싸 10분 정도 잔열로 익힌다. 껍질 가장자리를 한쪽 끝에서 반대편 끝까지 칼등으로 두드려가며 껍질에 붙어 있던 튀김옷을 벗긴다. 세로로 2등분한다.
※ 껍질에 붙어 있는 튀김옷은 쉽게 벗겨지며, 너무 바싹 튀겨질 때가 많으므로 벗겨냅니다.

# 감자

밥을 사이에 넣고 튀겨 반찬처럼 함께 먹는

**제철**

가을

**기름 온도**

180℃에서
시작
▼
170℃를
유지

**튀기는 시간**

긺

감자를 평범하게 튀김으로 만들어 봤자, 프렌치프라이의 맛을 따라잡지 못합니다. 감자크로켓이나 감자칩도 맛있지만, 튀김 전문점에서 선보일 만한 메뉴는 아니지요. 그래서 고민하다가 감자 사이에 밥을 넣어 튀겨보자는 아이디어를 떠올리게 되었습니다. 밥과 감자는 둘 다 대부분 전분질로 구성되어 있으니 어울리지 않을 리가 없었습니다. 이렇게 갓 튀겨낸 튀김을 반으로 썰어 밥 부분에 간장을 살짝 뿌리면 감자의 감칠맛에 구운 주먹밥의 풍미가 더해져, 이제껏 경험해본 적 없는 요리가 되는 것입니다.

재료

감자
밥
박력분
튀김옷(→16~19쪽)
튀김용 기름
간장
덴쓰유(→80쪽) 또는 소금

■ 키친타월
■ 초밥틀(또는 사각 스테인리스 통 2개)
■ 랩

**01**

초밥틀에 랩을 넓게 깔고, 밥을 1cm 두께로 깐다. 랩을 덮은 후, 누름판으로 눌러 굳힌다.
※ 누름돌을 올려 5분 정도 두면 밥알이 더 밀착해 잘 뭉개지지 않게 됩니다. 틀 대신 사각 스테인리스 통 2개를 겹쳐서 사용해도 됩니다.

**04**

둥글게 썬 감자 두 장 사이에 밥을 넣고, 랩으로 감싼다. 비어져 나온 밥을 꾹꾹 눌러 가장자리를 둥글게 다듬은 후, 위아래에서 세게 눌러 감자와 밥을 밀착시킨다.
※ 랩으로 싸서 모양을 다듬으면 손이 미끄러지지 않아 편합니다.

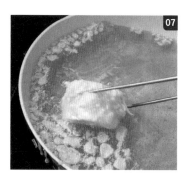

**07**

10초 정도 튀긴 후에 바로 뒤집는다.
※ 반대편으로 빠르게 뒤집는 이유는 기름 위에 나와 있는 튀김옷이 흘러내리지 않게 하기 위해서입니다. 또한 감자가 프라이팬 바닥에 닿으므로 눌어붙는 것을 막기 위한 이유도 있습니다.

**02**

감자의 위아래를 살짝 잘라내고, 껍질을 벗긴 후, 1.5cm 두께로 둥글게 썬다.
※ 위아래를 자르면 껍질을 벗길 때 손으로 잡고 있기 편합니다. 물로 씻지 말고, 단면의 전분질을 이용해 손을 감자에 밀착시킵니다.

**05**

튀김용 기름을 불에 올려 180℃까지 달군다. 손질한 감자에 **박력분**을 묻힌 뒤, 젓가락으로 탁탁 친 후 튀김옷에 담근다.

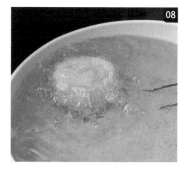

**08**

양면의 튀김옷이 굳으면 약 1분 간격으로 뒤집어가면서 8분 동안 천천히 튀긴다. 프라이팬을 살짝 기울여 기름의 깊이를 증가시켰을 때, 감자가 뜨면 다 튀겨진 것이다.
※ 가정에서는 다 익었는지 확인하기 위해 가느다란 꼬치로 찔러봐도 됩니다.

**03**

랩에 싸여 있던 01의 밥을 꺼내 감자의 지름에 맞춰 사각형으로 자른다.

**06**

180℃로 달군 **튀김용 기름**에 넣는다.
※ 젓가락만으로는 집기 어려우므로 손으로 함께 집어 기름에 넣습니다. 두툼하다 보니 절반 정도가 기름 위로 올라옵니다.

**09**

기름에서 건져낸 후 키친타월로 감싸 3~5분간 잔열로 익힌다. 먹기 직전에 세로로 반을 자르고, 밥 부분에 간장을 살짝 뿌린다.

# 밤

가을의 맛을 튀김으로

흔하지는 않지만, 밤도 튀기면 포슬포슬해져서 맛있습니다. 저희 가게에서는 가을에서만 맛볼 수 있는 튀김으로 많은 사랑을 받고 있지요.

겉껍질과 속껍질을 모두 벗긴 밤을 튀기는데, 다른 튀김 재료보다 수분이 적고 단단해서 기름이 세게 튀는 일이 없습니다. 다른 채소와 생김새가 달라 처음에는 조금 당황할 수도 있지만, 신경 쓰지 않아도 됩니다. 6분 정도 시간을 들여 튀긴 후, 키친타월로 감싸 15분 정도 잔열로 조리합니다. 뜸을 들이는 과정에서 밤 특유의 달콤한 향이 올라옵니다.

재료

밤
박력분
튀김옷(→16~19쪽)
튀김용 기름
덴쓰유(→80쪽) 또는 소금

■ 키친타월

겉껍질의 거칠거칠한 아랫부분을 칼로 얇게
썬다.

박력분을 묻힌 후, 톡톡 쳐서 여분의 가루를
털어낸다.

약 1분 간격으로 여러 번 뒤집으면서 6분 정
도 튀긴다.
※ 밤이 크거나 기름이 얇게 깔려 있어 밤의
윗면이 기름 위로 올라올 때는 프라이팬을
살짝 기울여 기름에 완전히 잠긴 상태에서
튀깁니다.

01의 단면에서 위쪽으로 겉껍질을 벗긴다.
그런 다음 속껍질도 같은 방법으로 벗긴다.
※ 겉껍질과 속껍질 모두 좁은 옆면에서부터
벗기기 시작해 한 바퀴를 돕니다. 속껍질은
조금 남겨도 되지만, 속껍질이 너무 깊이 파
고든 부분은 V자 형태로 칼집을 내어 도려냅
니다.

튀김옷에 담근다.

거품이 양이 줄어들고, 바닥에 가라앉아 있
던 밤이 기름 표면에 떠오르기 시작하면 거
의 다 튀겨진 것이다.

손질을 마친 밤의 모습. 튀김용 기름을 불에
올려 180℃까지 달군다.

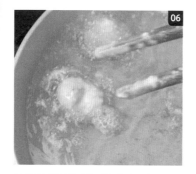

180℃로 달군 튀김용 기름에 넣는다.
※ 밤은 수분이 적어서 기름에 넣어도 거품
이 많이 생기지 않고 기름이 튀는 소리도 나
지 않습니다.

튀김용 기름종이에 건져내어 기름을 뺀 후,
한 개씩 키친타월로 감싸 15분 정도 잔열로
뜸을 들인다.

# 덴쓰유 만드는 법

튀김의 맛을 더 좋게 해 주는 튀김 용 간장 소스인 덴쓰유는 물과 미림, 간장을 4:1:1로 섞은 후, 가다 랑어포를 우려 만듭니다. 이렇게 만든 덴쓰유는 냉장실에 이틀간 보관할 수 있는데, 면 요리의 국물 로도 쓸 수 있고 설탕이나 간장을 더 첨가하면 조림용 국물로도 사 용할 수 있어 조금 넉넉히 만들어 두면 요긴하게 쓸 수 있습니다.

재료(만들기 쉬운 분량)

물 … 400ml

미림 … 100ml

간장 … 100ml

가다랑어포* … 10g

* 저희 가게에서는 가다랑어를 그 자리에 서 바로 얇게 깎아 사용합니다. 적은 양을 넣더라도 즉석에서 깎은 가다랑어포는 시 판용 제품보다 향과 감칠맛이 더 풍부합 니다.

물과 미림을 냄비에 넣고 강불에 올린다.

곧바로 가다랑어포를 넣는다.
※ 물이 아직 차가울 때 가다랑어포를 넣어 야 국물이 더 잘 우러납니다.

끓어오르면 강불에서 그대로 1분 정도 끓여 알코올 성분을 날려 버린다.

간장을 붓고 다시 끓인다. 펄펄 끓으면 불을 끄고 5분간 그대로 두어 국물을 우려낸 다음, 키친타월에 걸러 상온에서 식힌다.

### 소금은 천일염을 사용한다

튀김을 덴쓰유 대신 소금을 찍어 먹어도 맛 있지요. 저희 가게에서는 취향껏 드실 수 있 도록 두 가지를 다 내고 있습니다. 튀김에는 염도가 적당한 천일염이 잘 어울립니다.

### 덴쓰유는 소량만 찍어야 맛있다

튀김을 덴쓰유에 거의 적시다시피 하거나 아 예 덴쓰유가 담긴 그릇에 담가 버리거나 하 면 안 됩니다. 튀김옷이 불어서 흐물흐물해 져 버리거든요. 튀김에 간 무를 올린 다음, 덴 쓰유를 살짝 찍으면 튀김옷의 바삭한 식감이 잘 살아 맛있습니다.

### 덴쓰유는 상온을 유지하는 것이 좋다

튀김은 '상온의 덴쓰유'에 찍어 먹는 것이 가 장 맛있습니다. 덴쓰유가 너무 뜨거우면 바 삭했던 튀김옷이 불어버리고, 반대로 너무 차가우면 따끈따끈했던 튀김이 식어 버리기 때문입니다.

# 제2장

## 어패류 튀김

'튀김' 하면 떠오르는 새우나
에도마에 덴푸라로 유명한
붕장어와 보리멸, 그리고 튀김 재료로
잘 쓰이지 않는 가리비나 굴까지,
재료 본연의 맛을
충분히 즐길 수 있습니다.

**에** 도마에 덴푸라에 어패류가 빠질 수 없지요. 대표적인 재료로는 보리새우, 붕장어, 보리멸이 있습니다. 과거에는 도쿄만에서 잡아 올리는 어패류를 '에도마에'라고 불렀는데, 이렇게 대량으로 잡아 올린 신선한 해산물은 튀김과 초밥으로 만들어져 에도에 사는 서민들의 입을 즐겁게 해주었습니다. 이 책에서는 다루지 않지만 저희 가게에서는 이 밖에도 문절망둑, 새끼 은어, 뱅어, 전복, 양태, 갯장어, 멸치, 조개관자, 대합 등 사계절의 맛을 즐길 수 있는 다양한 어패류 튀김을 선보이고 있습니다.

채소튀김은 대부분 170℃, 높아 봤자 175℃의 기름에 튀기지만, 어패류는 종류에 따라 기름 온도가 다릅니다. 살이 얇고 부드러운 보리멸은 175~180℃에서 튀기지만, 새우는 180℃ 전후, 붕장어는 더 높은 190℃에서 튀깁니다. 육질이나 살의 두께에 따라 맛있게 튀겨지는 온도가 다른 것입니다.

어패류는 채소보다 수분이 많아서 그대로 튀기면 기름이 심하게 튀고 튀김도 맛있게 튀겨지지 않습니다. 그래서 재료를 손질할 때 미리 불필요한 수분을 꼼꼼히 닦아내는 것이 중요합니다.

## 어패류 튀김을 만들 때 알아 두면 좋은 세 가지 팁

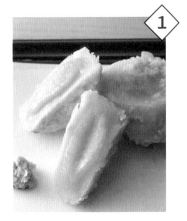

### 익혀야만
### 본연의 맛이 산다

튀김에서 어패류는 주연급에 해당합니다. 생으로도 얼마든지 맛있게 먹을 수 있는 신선한 해산물을 굳이 튀겨서 '익혀야만 나는' 맛을 끌어냅니다. 굴이나 가리비를 살짝 익히면 날로 먹을 때의 맛이 조금 남으면서도 단맛이 더욱 도드라지고, 붕장어를 바싹 튀기면 바삭한 껍질과 도톰하고 촉촉한 속살이 절묘한 대비를 이룹니다. 그렇기에 각 재료가 지닌 본연의 맛을 즐길 수 있답니다.

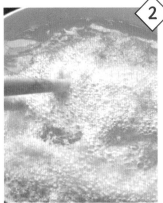

### 기름 온도는
### 재료에 따라 다르다

어패류는 재료에 따라 다양한 맛을 지니기에 튀기는 기름의 온도 또한 저마다 다릅니다. 보리멸처럼 살이 얇고 부드러운 육질을 지닌 생선은 비교적 낮은 175℃에서, 반쯤 익혔을 때 가장 맛이 좋은 오징어나 가리비는 중간 정도인 180℃에서 빠르게 튀깁니다. 반면 껍질이 바삭해야 맛있는 붕장어는 190℃의 높은 온도에서 천천히 튀깁니다.

### 여분의 수분은
### 제대로 닦아낸다

튀김에 쓰는 채소와 버섯은 모두 기본적으로는 물로 씻지 않습니다. 연근처럼 떫은맛이 나는 재료도 물에 담그지 않습니다. 물로 씻으면 재료에 수분이 남아서 튀길 때 기름이 튀기 쉽고, 채소의 감칠맛도 빠져나갑니다. 만약 재료에 이물질이 묻어 있다면 마른행주로 닦아내세요. 또 재료 속 떫은맛은 기름에 튀기면 감칠맛이나 향으로 바뀝니다. 재료 본연의 맛을 잘 살리는 것이 튀김임을 기억하세요.

튀김 하면 떠오르는

# 보리새우

## 재료

보리새우*
박력분
튀김옷(→16~19쪽)
튀김용 기름
덴쓰유(→80쪽) 또는 소금

* 사진 속 보리새우는 생새우다. 생새우
는 물기를 자연스럽게 털면 되지만, 냉동
새우는 표면에 수문이 많으므로 해동한
후에 키친타월로 물기를 닦아낸다.

84쪽으로 이어짐 ➡

튀김이라고 하면 역시 보리새우가 빠질 수 없습니다. 맛만 따지면 당연히 생새우를 쓰는 것이 좋지만, 냉동 새우를 해동해서 사용해도 괜찮습니다. 생새우는 180℃의 고온에서 반대로 뒤집지 않고 한쪽 면만 1분이 조금 못 되게 튀깁니다. 속이 아직 다 익지 않은 상태에서 건져낸 다음, 먹기 전까지의 짧은 시간 동안 잔열로 마저 익히면, 단맛과 감칠맛이 풍부하고 속살이 절묘하게 부드러운 튀김이 됩니다. 생새우는 앞다리가 달린 가슴 부위도 감칠맛이 강해 고소하게 튀겨지니, 껍질을 잘 벗겨 두었다가 박력분만 살짝 묻혀 튀겨 보세요.

### 제철
여름

### 기름 온도
190℃에서 시작
▼
180℃를 유지

### 튀기는 시간
짧음

01

머리 껍질을 벗긴다. 머리 전체를 떼어내지 말고, 복부와의 경계에 껍질이 떨어져 있는 부분을 잡고 껍질만 벗긴다.

04

꼬리지느러미와 꼬리마디(날카로운 껍질)를 바싹 붙인 다음, 절반 길이로 자른다. **꼬리마디를 칼로 훑어서 물기를 털어낸다.**

※ 꼬리마디에 수분이 남아 있으면 튀길 때 기름이 튑니다.

07

등 쪽 살을 양 손끝으로 세게 잡고 겉면을 터뜨려 살이 비죽 나오게 한다. 같은 작업을 서너 군데 한다. 냉동 새우는 키친타월로 물기를 닦아낸다.

※ 이렇게 하면 속살이 일자로 평평해지고, 기름에 튀겨도 쪼그라들지 않습니다.

02

껍질에서 튀어나와 있는 가슴 부분의 접합부에 손톱을 밀어 넣고 가슴 부분을 앞다리째 뜯어낸다.

※ 생새우를 사용했을 때는, 뜯어낸 껍질을 14~15에서 박력분만 살짝 묻혀 튀깁니다.

05

등껍질을 한 마디 벗긴 후에 나머지 껍질을 벗긴다.

※ 처음에 한 마디를 먼저 벗기고 나면 나머지 껍질도 쉽게 벗겨집니다. 또 꼬리지느러미와 그 앞의 껍질 한 마디는 벗기지 않고 남깁니다.

08

손질을 마친 새우의 모습. 튀김용 기름을 불에 올려 190℃까지 달군다.

03

실처럼 나와 있는 등 쪽의 내장을 잡아당겨 뺀다.

06

새우살 안쪽에 칼집을 네 군데 낸다. 칼의 무게만을 이용해 짧고 얕게 칼집을 낸다.

09

꼬리지느러미를 잡고 새우살에 박력분을 묻힌 다음, 젓가락으로 탁탁 쳐서 여분의 가루를 털어낸다. 꼬리에는 묻히지 않는다.

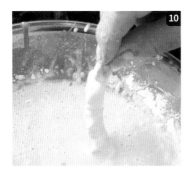

꼬리지느러미를 잡은 채로 튀김옷에 담근다. 꼬리에는 묻히지 않는다.

건져내어 튀김용 기름종이에 올려서 기름을 뺀다.

이상적인 튀김의 모습

생새우 튀김은 안쪽이 반쯤 익어 촉촉하고 부드럽고, 가슴 부위가 고소하고 바삭하면 잘 튀겨진 것입니다.

그대로 190℃로 달군 튀김용 기름에 넣는다. 새우의 등이 아래를 향하고, 속살이 곧게 펴지도록 넣는다.

생새우는 02에서 뜯어낸 가슴 부위의 껍질에 박력분만 묻힌다(튀김옷은 묻히지 않는다).

생새우는 반대로 뒤집지 않고 1분이 조금 못 되게 튀긴다. 냉동 새우는 여러 번 뒤집으면서 속까지 익힌다.

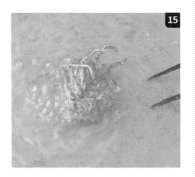

기름 온도가 떨어졌으면 다시 190℃로 올린 다음, 14를 넣고 1분 정도 그대로 튀긴다. 처음에는 바닥에 가라앉지만, 위로 뜨면 다 튀겨진 것이다.

# 오징어

바싹 튀기지 말고 반만 익혀서 먹는

**제철**

여름

**기름 온도**

190℃에서
시작
▼
180℃를
유지

**튀기는 시간**

짧음

오징어는 바싹 익히면 오그라들고 질겨져 맛이 떨어집니다. 몸통 껍질을 벗기고, 양면에 격자형 칼집을 얇게 내는 것이 부드러운 식감을 유지하는 포인트입니다. 오징어는 껍질이 여러 겹이라 완전히 다 벗겨내지 못하므로, 칼집을 내어 익혔을 때 오그라들거나 질겨지는 것을 방지하는 것입니다. 칼집을 내면 기름이 잘 튀지 않게 되는 효과도 있습니다. 몸통이 두툼한 오징어는 칼집을 깊게 많이 내고, 몸통이 얇고 부드러운 한치는 얇고 적게 칼집을 내세요. 튀기는 시간은 30초 정도면 충분합니다. 중심부가 반쯤 익게 튀기면 부드러우면서도 단맛이 최대한 살아납니다.

재료

오징어 몸통*
박력분
튀김옷(→16~19쪽)
튀김용 기름
덴쓰유(→80쪽) 또는 소금

■ 키친타월

* 내장과 다리를 떼어내고 몸통을 갈라 넓게 펼치고 지느러미(삼각형 부분)를 제거한 것. 한치도 부드러워서 튀김에 잘 어울린다.

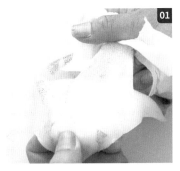

오징어 몸통은 좌우 두 변 가운데 어느 한쪽 끝을 얇게 잘라낸 다음, 앞면의 꼭짓점 부근에서 껍질이 말려 올라간 부분을 잡고 한 번에 확 잡아당겨 벗긴다.

※ 키친타월을 이용해 껍질을 잡으면 손이 미끄러지지 않아 쉽게 벗길 수 있습니다.

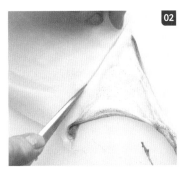

몸통 앞면에 2mm 간격으로 격자 모양의 칼집을 낸다. 깊이는 몸통 두께의 3분의 1 정도가 적당하다. 뒷면에도 이보다 얇게 격자 모양의 칼집을 낸다. 튀김용 기름을 불에 올려 190℃로 달군다.

190℃로 달군 튀김용 기름에 넣는다.

※ 앞면과 뒷면 중 어느 쪽을 먼저 튀겨도 상관없습니다. 수분이 많아 기름에 넣으면 작은 거품이 잔뜩 생기면서 기름이 탁탁 높은 소리를 내며 튑니다.

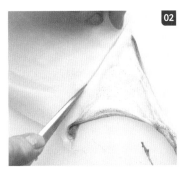

몸통 아래쪽은 질기므로 껍질과 함께 칼로 얇게 잘라낸다. 01에서 얇게 자르지 않은 반대쪽 변도 껍질이 완전히 벗겨지지 않았다면 칼로 얇게 잘라낸다. 몸통 뒷면의 얇은 껍질도 손으로 잡아당겨 벗긴다.

※ 이렇게 손질된 오징어를 팔기도 하니 써보는 것도 좋습니다.

박력분을 묻히고, 젓가락으로 탁탁 쳐서 여분의 가루를 털어낸다.

※ 젓가락으로 집으면 잘 미끄러지니 손으로 잡고 박력분을 묻히세요.

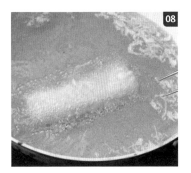

30초가 지나면 반대로 뒤집는다.

양면의 수분을 키친타월 등으로 잘 닦아낸 후, 가로로 잘라 몸통을 여러 장으로 나눈다.

※ 한입에 먹을 수 있도록 몸통 크기에 따라 2~4등분합니다.

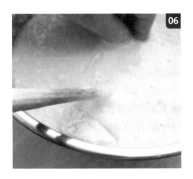

튀김옷에 담근다.

10초 정도 더 튀기면 끝이다. 건져내어 튀김용 기름종이에 올려 기름을 뺀다. 잘 만든 오징어튀김은 몸통이 오그라들지 않고 도톰하며, 속은 반쯤 익어 촉촉한 식감을 자랑한다.

# 붕장어

에도마에 덴푸라를 대표하는

붕장어는 에도마에 덴푸라를 상징하는 재료 중 하나입니다. 간토 지방에서는 길게 반으로 갈라 펼친 붕장어 한 마리를 통째로 튀깁니다. 일반적으로 붕장어 제철은 여름으로 알려져 있으나, 저는 개인적으로 체내에 지방이 축적되는 늦가을~겨울이 가장 먹기 좋은 시기라고 생각합니다.

붕장어는 190℃ 고온의 기름에 튀긴다는 특징이 있습니다. 튀김옷은 바삭하고 속살은 포슬포슬하고 부드럽게 튀겨지도록, 여러 번 뒤집어가면서 5분 정도 천천히 튀겨 보세요.

재료

붕장어(길게 반으로 갈라 펼친 것)
박력분
튀김옷(→16~19쪽)
튀김용 기름
덴쓰유(→80쪽) 또는 소금

■ 키친타월

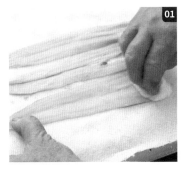

**01**

키친타월 위에 붕장어를 껍질이 아래로 오게 놓는다. 다른 키친타월을 물에 살짝 적셔서 꼬리에서 머리 방향으로 닦아 수분을 제거한다.

※ 붕장어를 물로 씻으면 수분을 더 많이 머금게 되므로 이 방법을 쓰길 권합니다.

**02**

붕장어를 뒤집어 반대편도 같은 방법으로 닦는다. 튀김용 기름을 불에 올려 200℃까지 달군다.

※ 껍질 쪽의 점액질도 함께 닦아냅니다.

**03**

박력분을 묻히고, 젓가락을 탁탁 쳐서 여분의 가루를 털어낸다.

**04**

튀김옷에 담근다.

**05**

200℃로 달군 튀김용 기름에 껍질이 아래를 향하게 붕장어를 곧게 펼쳐 넣는다. 15초 정도 튀겨 껍질을 익힌다.

※ 튀김용 기름이 워낙 고온이라 붕장어를 넣는 순간, 수분이 일제히 튀면서 작은 거품이 잔뜩 생깁니다.

**06**

반대로 뒤집어서 속살을 1분 정도 충분히 익힌다.

**07**

다시 반대로 뒤집어 양면을 1분씩 고르게 튀긴다.

※ 거품이 점차 줄어들고, 기름이 튀는 소리도 낮아집니다.

**08**

마지막으로 껍질을 아래로 향하게 놓은 다음, 1분 30초 정도 튀겨 껍질을 완전히 익힌 후에 건진다. 튀김용 기름종이에 올려 기름을 뺀다.

※ 튀김옷이 노릇노릇해지고 점차 고소한 향이 풍깁니다. 껍질에서 빠져나오는 마지막 수분이 탁 소리를 내면 다 튀겨진 것입니다.

**이상적인 튀김의 모습**

튀김망에 올려 한가운데를 젓가락으로 탁탁 두드리면서 부수었을 때, 쉽게 두 조각으로 나뉘면 잘 튀겨진 것입니다. 바삭한 껍질은 쉽게 부스러지고, 속살은 부드럽게 풀어집니다.

# 보리멸

튀김이 연한 색을 띠어 고급스러운

**제철**

여름

**기름 온도**

190℃에서
시작
▼
175~180℃를
유지

**튀기는 시간**

짧음

보리멸은 에도마에 덴푸라를 대표하는 재료 중 하나입니다. 붕장어와 마찬가지로 길게 반으로 갈라 펼쳐 한 마리를 통째로 튀겨냅니다. 껍질이 위를 향하게 기름에 넣으면 머리와 꼬리 쪽이 들리면서 생선이 휘는데, 그 형태를 살리기 위해 반대로 뒤집지 않고 그대로 튀깁니다. 껍질 쪽의 우묵한 부분에 기름이 고이다 보니 껍질도 잘 튀겨지고, 마치 힘차게 펄떡이는 물고기를 연상시키는 형태로 휘어집니다. 고온에서 튀기면 보리멸의 풍미나 부드러운 식감이 저하되므로 불을 껐다 켰다 하면서 2분이 채 되지 않는 시간 동안 튀깁니다.

재료

보리멸
박력분
튀김옷(→16~19쪽)
튀김용 기름
덴쓰유(→80쪽) 또는 소금

**01**

보리멸의 비늘을 긁어낸 다음, 머리를 자른다. 등에 칼집을 낸 다음, 등뼈 위를 따라 칼을 내려 살을 갈라 나간다. 마지막으로 꼬리지느러미에 닿기 직전에 칼을 등뼈에 수직으로 내린다(등뼈와 꼬리지느러미를 분리한다).

**04**

손질을 마친 보리멸의 모습. 튀김용 기름을 불에 올려 190℃까지 달군다.

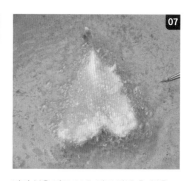

**07**

다시 불을 켜고 30초 정도 튀긴 후, 불을 끄고 10초 정도 그대로 둔다. 마지막으로 강불에 올려 10초 정도 튀긴다.

※ 열이 전달되면 보리멸이 휘면서 기름 위로 뜬다. 거품의 양도 줄어든다.

**02**

절단면에서 꼬리지느러미 방향으로 칼을 깊이 넣어 살을 벌려 평평하게 펼친다. 그런 다음 껍질이 위로 오게 놓고, 살과 등뼈 사이를 칼로 저미면서 등뼈를 떼어낸다.

**05**

박력분을 묻힌 뒤 젓가락으로 탁탁 쳐서 여분의 가루를 털어낸 다음, 튀김옷에 담근다.

※ 꼬리지느러미를 잡고 묻힙니다. 꼬리지느러미에는 박력분과 튀김옷이 모두 묻지 않도록 합니다.

**08**

다 합쳐 2분이 채 넘지 않는 시간 동안 튀기면 완성이다. 건져서 튀김용 기름종이 올려 기름을 뺀다.

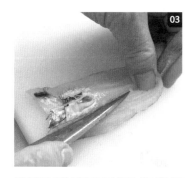

**03**

내장막의 한쪽 가장자리에 칼을 대고 뱃살뼈를 자른다. 그런 다음 칼을 눕혀 반 마리 분량의 내장막과 뱃살뼈를 떼어낸다. 반대편도 같은 방법으로 한다.

**06**

190℃로 달군 튀김용 기름에 껍질이 위로 오게 넣는다. 15초 정도 지나면 일단 불을 꺼서 온도가 올라가는 것을 방지하고, 1분 정도 가만히 튀긴다.

※ 껍질 부분을 기름이 덮고 있어 반대편으로 뒤집지 않아도 양면이 잘 튀겨집니다.

**이상적인 튀김의 모습**

잘 만든 보리멸 튀김은 완만하게 휜 생선 살을 바삭한 튀김옷이 부드럽게 감싸고 있습니다. 튀김옷은 연한 색을 띨 때가 가장 적당합니다.

# 금눈돔

껍질은 바삭바삭 속은 촉촉

**제철**

여름, 겨울

**기름 온도**

190℃에서
시작
▼
180℃
▼
175℃를
유지

**튀기는 시간**

중간 정도

금눈돔은 지방이 많아 살이 부드럽고 무엇보다 붉은 피부가 매력적입니다. 오래 튀기면 살이 퍽퍽해지므로 너무 바삭 튀기지 않으면서도 충분히 익혀야 하는 것이 포인트입니다. 중간에 기름 온도를 낮추어 서서히 익힌 다음, 키친타월로 감싸 잔열로 충분히 뜸을 들이면 껍질은 바삭하지만 속은 촉촉하고 부드러워집니다. 튀김옷 사이로 비치는 선명한 붉은색 또한 매력적입니다. 즉석에서 간 와사비와 소금을 곁들여 보세요.

재료

금눈돔(세 장 뜨기)
박력분
튀김옷(→16~19쪽)
튀김용 기름
와사비
소금

■ 키친타월

금눈돔을 3cm 너비로 썬다. 튀김용 기름은 190℃로 달군다.
※ 옥돔이나 흑금태 같은 생선도 같은 방법으로 맛있는 튀김을 만들 수 있습니다.

박력분을 묻힌 뒤, 젓가락으로 탁탁 쳐서 여분의 가루를 털어낸다. 이어서 튀김옷에도 담근다.

190℃로 달군 튀김용 기름에 껍질이 위로 오게 넣고, 1분 정도 튀긴다.
※ 껍질이 살보다 먼저 오그라들면서 둥글게 휘지만, 자연스러운 현상이므로 신경 쓰지 않아도 됩니다.

반대로 뒤집은 다음, 기름 온도를 175℃로 낮추고 30초 정도 튀긴 후에 다시 반대로 뒤집는다.

30초 정도 간격으로 뒤집으면서 2분 정도 천천히 튀긴다.
※ 생선 살의 두께에 따라 튀기는 시간을 조절해주세요. 이번에는 두툼한 생선을 사용했지만, 얇은 경우에는 1분 30초 정도만 튀겨도 됩니다.

튀김옷 주변의 거품이 줄어든다.

다 튀겨지면 건져내어 튀김용 기름종이에 올린다.

키친타월로 감싸서 1분 30초 정도 잔열로 익힌다.

이상적인 튀김의 모습

살이 촉촉해서 물기가 맺히고, 껍질은 바삭한 상태가 잘 튀겨진 것입니다. 금눈돔은 원래 살이 부드럽지만 너무 오래 익히면 퍽퍽해지므로 조금 낮은 온도에서 천천히 튀긴 다음, 마지막에 잔열로 뜸을 들여 익히세요.

# 가리비

## 단맛과 부드러운 식감이 살도록 반숙으로 먹는

가리비 관자 튀김의 핵심은 반쯤 익혔을 때 도드라지는 단맛과 촉촉하고 부드러운 식감입니다. 이렇게 반숙으로 조리하려면 반드시 생식용 가리비를 사용해야만 합니다. 두툼하고 큼직한 관자를 기름에 통째로 넣고 자주 뒤집어 가면서 짧은 시간 내에 튀겨서 안쪽에 반숙인 부분을 남겨놓으면, 튀김인데도 마치 회를 먹는 듯한 맛을 느낄 수 있습니다. 관자의 크기가 클수록 감칠맛이 진하므로 큼지막한 관자를 사서 만들어 보세요. 이 튀김은 와사비와 소금을 곁들여 먹기를 추천합니다. 진한 단맛과 와사비의 매콤한 맛이 어우러져 감칠맛을 끌어냅니다.

**재료**

가리비 관자(껍데기가 있는 것, 생식용)
박력분
튀김옷(→16~19쪽)
튀김용 기름
와사비
소금 또는 덴쓰유(→80쪽)

■ 가리비 주걱(끝이 둥글고 얇은 금속제 주걱. 과도를 대신 사용해도 된다)

가리비 껍데기의 평평한 면이 바닥에 오게 놓고, 가리비 주걱을 껍데기 사이에 밀어 넣는다. 위쪽 껍데기를 따라 주걱을 깊이 찔러 넣고, 좌우로 흔들어 관자를 껍데기에서 떼어낸다.

손질을 마친 가리비 관자의 모습. 튀김용 기름을 불에 올려 190℃까지 달군다.

반대로 뒤집어 약 30초 간격으로 2~3차례 뒤집으면서 튀긴다.
※ 거품이 점차 줄어들고, 기름이 튀는 소리도 작아지기 시작합니다.

위쪽 껍데기를 열어 벗겨내고, 이어서 관자 밑부분에 가리비 주걱을 밀어 넣어 관자를 껍데기에서 떼어낸다.

박력분을 묻힌 뒤, 젓가락으로 탁탁 쳐서 여분의 가루를 털어낸다. 이어서 튀김옷에 담근다.

2분이 채 되지 않는 시간 동안 튀기면 끝이다. 건져내어 튀김용 기름종이에 올려 기름을 뺀다.

가리비의 끈과 내장 등을 전부 제거한다. 관자 옆에 있는 유백색의 작고 단단한 덩어리와 얇은 막을 제거한다.

190℃로 달군 튀김용 기름에 넣고 30초 정도 튀긴다.
※ 표면이 미끄러워서 젓가락으로 집기 어렵다. 젓가락 위에 얹고 반대편 손으로 관자의 위를 잡은 상태에서 기름에 넣는다. 기름에 넣으면 작은 거품이 잔뜩 생긴다.

**이상적인 튀김의 모습**

단시간에 튀겨내므로 튀김옷의 색이 연해도 괜찮습니다. 잘라보면 단면의 절반 이상이 반숙 상태라 촉촉하고 부드럽습니다. 따끈따끈하지만 회를 먹는 듯한 느낌도 받을 수 있다는 것이 이 튀김의 장점입니다.

# 키조개

## 반숙으로 씹는 맛과 감칠맛을 살리는

| 제철 |
|---|
| 겨울~봄 |

| 기름 온도 |
|---|
| 185℃에서<br>시작<br>▼<br>175℃를<br>유지 |

| 튀기는 시간 |
|---|
| 짧음 |

키조개의 큼직하고 두툼한 관자를 튀김으로 만듭니다. 쫄깃쫄깃해서 씹는 맛이 좋은데, 너무 오래 익히면 질겨집니다. 그래서 김에 싸서 간접적으로 뭉근히 가열합니다. 또 키조개는 감칠맛이 매우 진해 맛이 좋지만, 독특한 맛과 향을 지닌 난점이 있습니다. 그래서 잘 어울리는 초피나무 순을 함께 넣고 말아서 특유의 맛과 향을 누그러뜨립니다. 이렇게 만든 튀김을 먹으면 반숙으로 튀긴 키조개의 감칠맛과 초피나무 순의 산뜻한 향, 김에서 나는 바다 향이 한데 어우러진 최고의 맛을 느낄 수 있습니다.

재료

키조개 관자(손질 관자살, 생식용)
김(가로 4.75cm×세로 10cm 크기 김의 절반)
초피나무 순
박력분
튀김옷(→16~19쪽)
튀김용 기름
와사비
소금 또는 덴쓰유(→80쪽)

**01**

키조개 관자의 단단한 부분을 제거한다. 먼저 오른쪽에서 비스듬하게 칼질한 후, 왼쪽에서도 칼질해서 떼어낸다.

※ 나머지 관자도 같은 방법으로 칼질해서 제거합니다.

**02**

두께가 절반이 되게 관자를 자른다.

**03**

김을 세로로 길게 놓고, 02의 1조각을 올린 다음, 초피나무 순을 듬뿍 얹는다.

※ 키조개는 쫄깃해서 김으로 싸도 재료의 식감이 밀리지 않지만, 성게알(→100쪽)처럼 섬세한 재료는 김에 밀려 버리므로 마찬가지로 섬세한 푸른 차조기 잎을 사용합니다.

**04**

김, 키조개 관자, 초피나무 순을 꾹 눌러서 만다. 마지막에 김 끝에 물을 묻혀 고정한다. 튀김용 기름을 불에 올려 185℃까지 달군다.

**05**

박력분을 묻힌 후 젓가락으로 탁탁 쳐서 여분의 가루를 털어낸다. 이어서 튀김옷에도 담근다.

**06**

185℃로 달군 튀김용 기름에 넣는다.

**07**

30초 정도 튀기면 젓가락으로 살짝 들어 뒤집은 다음, 다시 1분 정도 튀긴다.

**08**

튀김옷에서 나오는 거품이 줄어들고, 기름이 튀는 소리도 작아지면 다 튀겨진 것이다. 건져내 튀김용 기름종이에 올려 기름을 뺀다.

**이상적인 튀김의 모습**

튀김을 반으로 잘랐을 때, 단면의 절반 이상이 반숙인 상태가 이상적입니다. 회를 먹는 듯하지만, 겉이 살짝 익어서 씹을 때마다 감칠맛이 느껴집니다.

# 굴

튀기면 오히려 더 신선한 맛이 느껴지는

제철

겨울

기름 온도

180℃에서
시작
▼
170℃를
유지

튀기는 시간

짧음

굴로 튀김으로 만들고 싶다면 껍질이 붙어 있는 생식용 굴을 사용하는 것이 좋습니다. 손질되어 나오는 굴은 수분을 많이 함유하고 있어 표면을 닦아도 기름에 넣는 순간 기름이 사방으로 튀어 버립니다. 껍질이 달린 굴을 사서 직접 손질하거나 파는 곳에 손질을 부탁하세요.

굴은 고온에서 튀기면 터져 버리기 쉬우므로 어패류치고는 낮은 170℃에서 2분이 조금 넘는 시간 동안 튀깁니다. 기름에 튀겨 따끈따끈하지만 마치 생굴처럼 부드러운 풍미와 쫄깃하면서도 부드러운 식감이 남아, 굴 튀김만의 색다른 맛을 즐길 수 있습니다.

재료

굴*(껍질이 붙어 있는 것, 생식용)
박력분
튀김옷(→16~19쪽)
튀김용 기름
와사비
덴쓰유(→80쪽) 또는 소금
영귤즙

■ 키친타월

■ 가리비 주걱(금속제 과도도 가능)

* 살이 잘 오그라들지 않는 큼직한 굴이 좋다.

**01**

껍데기가 불룩한 면이 아래로 가고, 껍데기의 이음매가 앞에 오게끔 굴을 도마에 올려놓는다. 오른쪽 중앙에 나 있는 껍데기 틈 사이로 가리비 주걱을 강하게 찔러 넣어 앞뒤로 움직여 관자를 위쪽 껍데기에서 떼어낸다.

※ 관자는 굴을 위 사진처럼 놓았을 때, 중앙보다 약간 오른쪽에 있습니다.

**02**

위쪽 껍데기를 강하게 밀어 올려 완전히 벌린다. 가리비 주걱을 속살 아래쪽으로 밀어 넣고, 속살을 떠낸다는 느낌으로 관자를 껍질에서 떼어낸다.

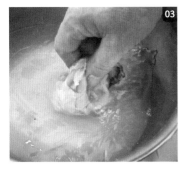

**03**

볼에 물을 가득 채우고, 껍데기에서 떼어낸 속살에 물을 뿌려 이물질을 가볍게 제거한 후, 물속에 넣고 흔들어 씻는다.

※ 소금이나 간 무를 문질러 씻을 필요는 없습니다. 그저 물로 씻기만 해도 충분합니다.

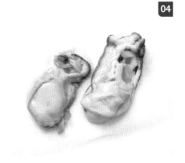

**04**

키친타월 사이에 굴을 넣어 물기를 닦아낸 후, 표면이 마를 때까지 4~5분간 두면 손질 작업이 끝난다. 튀김용 기름을 불에 올려 180℃까지 달군다.

※ 표면을 말려야 튀김옷 안쪽이 끈적이지 않고 튀겼을 때 바삭해집니다.

**05**

박력분을 뿌리고, 젓가락을 탁탁 쳐서 여분의 가루를 털어낸다.

**06**

튀김옷에 담근다.

**07**

180℃로 달군 튀김용 기름에 넣고, 1분 정도 충분히 튀긴다.

※ 작은 거품이 잔뜩 올라오지만, 기름이 탁탁 소리를 내며 크게 튀지는 않습니다.

**08**

반대로 뒤집어 다시 1분 가까이 튀긴다. 다시 뒤집은 후 화력을 조금 강하게 한다.

**09**

거품이 커지고 굴이 기름에 뜨면 다 튀겨진 것이다. 건져내어 튀김용 기름종이에 올려 기름을 뺀다. 부드러운 풍미와 식감이 가득해야 잘 튀겨진 것이다.

※ 영귤즙을 살짝 뿌리면 산뜻하게 먹을 수 있습니다.

# 성게알

충분히 익힐 때 비로소 그 본질이 드러나는

**제철**

여름

**기름 온도**

180℃에서
시작
▼
170℃를
유지

**튀기는 시간**

짧음

저는 튀김이 성게알의 '본질'을 끌어내는 조리법이라 생각합니다. 기름에 튀기면 성게알 특유의 쌉쌀한 맛이 사라지고 감칠맛만이 가득해져 날로 먹을 때보다 더 단맛이 강해집니다. 성게알을 날로 먹지 못하는 사람도 튀김은 맛있게 먹을 수 있습니다. 기름이 성게알에 너무 많이 닿으면 수분이 날아가 버려 향이 줄어들므로 푸른 차조기 잎으로 감싸 타지 않도록 천천히 튀깁니다. 김으로 싸서 튀기는 사람도 있는데, 저는 그렇게 튀기면 성게알이 김에 밀리는 느낌이 들어서 김보다 더 섬세한 동시에 성게알과 다른 향을 지닌 푸른 차조기 잎을 사용하고 있습니다.

재료

성게알
푸른 차조기 잎
튀김옷(→16~19쪽)
튀김용 기름
와사비
소금 또는 덴쓰유(→80쪽)

푸른 차조기 잎 한 장에 성게알 1작은술을 듬뿍 떠서 올린다.

성게알을 차조기 잎으로 감싼 다음, 가장자리를 손끝으로 꾹 눌러 고정한다. 튀김용 기름을 불에 올려 180℃까지 달군다.
※ 푸른 차조기 잎으로 감싸 성게알의 수분이 날아가지 않게 합니다. 잎이 벌어지지 않도록 단단히 고정하는 것이 중요합니다.

푸른 차조기 잎의 줄기를 잡고 튀김옷을 듬뿍 묻힌다.
※ 박력분은 묻히지 않습니다. 밀가루를 묻히면 성게알 사이로 들어가 버려 맛을 떨어뜨립니다.

180℃로 달군 튀김용 기름에 성게알을 조심스레 넣는다.
※ 푸른 차조기 잎이 벌어지지 않도록 기름에 가까이 가져가 살며시 넣으세요.

30초 정도 튀긴다.

젓가락으로 뒤집은 후, 30초 간격으로 2~3번 뒤집으면서 충분히 튀긴다.
※ 성게알처럼 동그란 형태를 띠는 재료는 충분히 튀깁니다. 안이 설익으면 맛이 떨어집니다.

3분이 조금 못 되는 시간 동안 튀기면 끝이다. 건져내어 튀김용 기름종이에 올려 기름을 뺀다.

**이상적인 튀김의 모습**

푸른 차조기 잎으로 둘러싸인 상태에서 가열된 성게알이 수분을 빼앗기지 않은 채 속까지 잘 익어 있습니다.

**실패 사례**

푸른 차조기 잎으로 제대로 감싸지 않았거나 중간에 잎이 벌어져 버리면, 성게알에 기름이 직접 닿게 됩니다. 그러면 성게알 주변은 수분과 함께 향까지 빠져나가 버리고, 속은 제대로 익지 않아 물컹거립니다.

# 이 책에서 사용하는 주요 튀김 도구

가정에서 튀김을 만들 때 꼭 필요한 도구나 있으면 편리한 도구를 정리해봤습니다. 대부분 주방에 흔히 있는 것들이지만, 튀김을 잘 만들려면 이러한 도구를 능숙하게 활용할 수 있어야 합니다.

## 프라이팬

튀김 전용 냄비도 있지만, 어느 가정에나 있는 프라이팬이 더 쓰기 편하므로 이를 추천합니다. 기름의 깊이가 일정해져서 재료를 고르게 튀길 수 있고, 튀김에 들어가는 기름 양도 줄일 수 있습니다. 프라이팬은 지름이 26~28cm인 제품이 적당합니다. 사진에 나온 것은 세라믹 코팅 프라이팬이지만, 두꺼운 프라이팬이라면 무엇이든 상관없습니다.

## 튀김용 젓가락·플레이팅 젓가락·일반 나무젓가락

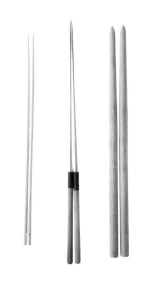

저는 튀김을 만들 때, 두 종류의 젓가락을 구분해서 사용합니다. 박력분을 묻히고 튀김옷에 담갔다가 꺼내어 기름에 넣을 때까지의 작업은 나무로 된 튀김용 젓가락(사진 오른쪽)을 사용합니다. 기름에 넣은 후, 튀김을 뒤집거나 건져낼 때는 스테인리스 재질의 플레이팅 젓가락(사진 중앙)을 사용합니다. 하지만 일반 가정에서는 평범한 나무젓가락(사진 왼쪽)을 써도 괜찮습니다.
튀김용 젓가락은 손잡이 부분의 지름이 약 1.4cm로, 일반 나무젓가락의 두 배 굵기입니다. 두꺼운 만큼 힘을 주지 않고도 재료를 집을 수 있습니다. 젓가락을 세게 쥘 필요가 없으므로 재료에 손상을 입히지 않고, 튀김옷이 재료 사이로 스며들거나 형태가 뭉개지는 일도 없습니다.

## 국자·구멍 국자

국자(사진 오른쪽)는 튀김옷을 만들 때 달걀물에 박력분을 넣거나 할 때 씁니다. 구멍 국자(사진 왼쪽)는 가키아게를 만들 때, 재료를 기름에 넣는 작업에 쓰면 편리합니다. 재료가 이리저리 흩어지지 않는 데다 구멍을 통해 여분의 튀김옷이 빠져나가 버리므로 튀김옷이 얇게 입혀집니다. 국자와 구멍 국자 모두 지름이 7.5cm 정도인 제품이 쓰기 편합니다.

## 거품기

튀김옷을 만들 때, 재료를 섞는 작업에 씁니다. 나무젓가락을 사용하면 골고루 섞는 데 시간이 걸리고, 많이 젓는 과정에서 글루텐이 형성되어 질척거리고 무거운 튀김옷이 만들어지기 쉽습니다. 거품기를 이용하면 몇 번 만에 빠르게 섞을 수 있어 가벼운 튀김옷이 만들어집니다.

## 오일 포트

조리 중에는 튀김옷 부스러기를 담고, 조리 후에는 튀김에 쓰고 남은 기름을 거르는 데에 사용합니다.

## 튀김 트레이

기름에서 건져낸 튀김을 잠시 보관할 수 있도록 튀김망이 들어 있는 사각 트레이입니다. 튀김망 위에 튀김용 기름종이를 깔고, 그 위에 튀김을 올려 여분의 기름을 뺍니다.

## 튀김용 뜰채

튀김을 튀기는 도중에 기름에 흩어지는 튀김 부스러기를 건져낼 때 씁니다. 튀김 부스러기를 그대로 남겨 두면 재료에 달라붙거나 기름의 질을 떨어뜨리므로 자주 건져 주세요.

# 제3장

가키아게

재료를 한데 모아서 튀기는 가키아게는
입에 넣는 순간 가득 퍼지는 풍부한 감칠맛이
다른 튀김과는 비교가 되지 않을 정도입니다.
채소나 어패류를 한 가지만이 아니라,
여러 가지를 함께 넣을 수 있기에
다양한 조합을 시도해볼 수 있습니다.

작은 알갱이나 조각으로 된 재료를 한데 모아서 튀기는 튀김을 가키아게라고 합니다. 작은 새우, 당근, 양파, 우엉 등이 대표적인 재료로 꼽히는데, '덴푸라 곤도'에서는 개량조개(명주조개) 관자나 옥수수, 누에콩도 많이 사용합니다.

가키아게는 기름에 넣는 순간, 재료가 사방으로 흩어지기 쉽다는 문제가 있습니다. 이를 해결하는 방법은 간단합니다. 작은 구멍 국자로 재료를 떠서 기름 표면에 살며시 내려놓는 것입니다. 여분의 튀김옷이 구멍 사이로 빠져나가 버려 튀김옷이 두꺼워지지 않는 데다, 재료를 늘 한 국자씩 떠서 넣으므로 튀김을 적당한 크기로 만들 수 있어서 편리합니다. 옥수수나 누에콩은 불을 잠시 끈 상태에서 넣어야 잘 흩어지지 않습니다.

또 튀김옷이 두툼하고 묵직해지지 않으려면 튀김옷의 농도 또한 중요합니다. 가키아게를 만들 때는 기본 튀김옷에 달걀물을 첨가해 조금 더 묽게 만듭니다. '묽게 만들면 재료가 더 잘 흩어지지 않나?'라고 생각할 수도 있지만, 오히려 재료를 잘 고정해주므로 괜찮습니다.

젓가락으로 세게 집거나 찌르거나 하면 모양이 망가지고 기름이 재료 안쪽까지 스며들어가 버립니다. 반대로 뒤집을 때나 기름에서 건져낼 때도 살살 다루어 주세요.

## 가키아게를 만들 때 알아 두면 좋은 세 가지 팁

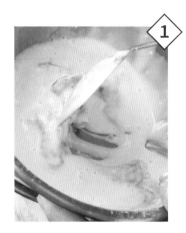

### 튀김옷을 좀 더 묽게 만든다

형태가 일정하지 않은 재료로 만드는 가키아게는 튀김옷으로 덮이는 면적이 넓고, 서로 다른 재료의 풍미와 식감이 겹치기 쉬우므로 튀김옷을 더 묽게 만듭니다. 기본 튀김옷 1컵에 달걀물을 3큰술 정도 첨가하면 딱 알맞은 농도가 됩니다. 재료 표면에 얇은 막을 형성하는 정도이므로 '이렇게 묽게 만들어도 되는 건가?'라는 생각이 들 수도 있지만, 재료 본연의 맛을 살리기에 딱 알맞은 농도입니다.

### 구멍 국자를 쓰면 편리하다!

가키아게를 만들 때는 재료 전체를 튀김옷으로 최대한 얇게 감싸는 것이 중요합니다. 가키아게라고 하면 마치 '튀김옷을 먹는 요리'처럼 생각하지만, 정말 맛있는 가키아게는 다릅니다. 여분의 튀김옷을 전부 털어내고 묽은 튀김옷만 얇게 입혀 만들고 싶은데, 이럴 때 구멍 국자로 재료를 뜨면 정말 편리합니다. 재료를 뜬 형태 그대로 기름에 넣을 수 있어 튀겨낸 모양도 자연스럽고 먹음직스러워 보입니다.

### 되도록 건드리지 않는다!

'가키아게는 만들 때 젓가락으로 찔러 구멍을 만들어 기름을 통과시켜야 한다'라는 글을 본 적이 있습니다만, 저는 아니라고 생각합니다. 되도록 건드리지 말고, 자연스럽게 튀기는 것이 가키아게를 잘 만드는 비결입니다. 묽은 튀김옷을 사용하면 구멍을 뚫지 않아도 기름이 자연스레 재료를 통과하며, 튀김을 뒤집을 때도 젓가락 끝으로 살짝 뒤집기만 하면 됩니다. 건질 때도 젓가락으로 살살 집습니다.

아름답고 화려한 붉은색을 띠는

# 새우 가키아게

**제철**

여름

**기름 온도**

190℃에서
시작
▼
180℃를
유지

**튀기는 시간**

짧음

새우 가키아게는 작은 새우 6~8마리 정도를 모아서 튀깁니다. 여기서는 길이가 10cm 이하인 보리새우를 쓰지만, 껍질이 붙어 있고, 길이가 10cm를 넘지 않는다면 어떤 새우든 상관없습니다. 이렇게 하면 큼직한 새우 한 마리에 뒤지지 않을 만한 부피감에, 입안 가득 감칠맛이 퍼집니다.

재료는 두 차례에 나눠 시간 간격을 두고 겹쳐서 튀깁니다. 이렇게 만들면 두툼하고 모양도 잘 잡힌 튀김이 되어 안쪽까지 열이 잘 전달됩니다. 묽은 튀김옷을 쓰면 새우의 향이 더 도드라지며 선명한 붉은색이 튀김옷 사이로 비쳐 아름다운 가키아게가 완성됩니다.

재료

작은 새우(껍질이 붙어 있는 것, 길이가
10cm 이하인 보리새우 등)
박력분
튀김옷(→16~19쪽, 묽게)
튀김용 기름
덴쓰유(→80쪽) 또는 소금

머리와 가슴 부분의 껍질을 찢어서 벗겨내고, 등 쪽 내장을 제거한다. 나머지 껍질을 전부 깐다.

※ 꼬리지느러미 위쪽 껍질을 잘 까지지 않으므로 꼬리지느러미와 접한 부분을 꽉 잡은 채로 속살을 눌러 꺼냅니다.

03의 볼에 튀김옷을 넉넉히 붓고, 구멍 국자로 살짝 섞는다.

※ 각각의 새우에 골고루 튀김옷을 묻히세요.

30초 정도 튀긴 후 반대편으로 뒤집는다.

※ 처음에는 뒤집을 때 재료가 흩어지지 않을 정도로 튀겨서 굳힙니다. 젓가락으로 찌르거나 세게 집으면 튀김이 손상되므로 밑에서 살짝 들어 올리듯이 뒤집는 것이 중요합니다.

손질을 마친 새우의 모습. 가키아게 한 개에 새우 6~8마리를 사용한다. 튀김용 기름을 불에 올려 190℃까지 달군다.

구멍 국자에 새우 3~4마리 분량을 떠서 190℃로 달군 튀김용 기름에 넣는다.

※ 여분의 튀김옷을 털어낼 수 있도록 구멍 국자를 사용해 튀김옷이 구멍 사이로 흘러내리게 합니다. 구멍 국자의 둥근 형태를 살릴 수 있도록 재료를 기름에 살며시 넣으세요. 작은 거품이 생기면서 무거운 새우가 아래로 가라앉습니다.

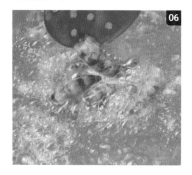

2번 정도 더 뒤집으면서 2분간 튀긴다.

※ 새우 가키아게는 두툼한 편이라 도중에 프라이팬을 살짝 기울여 튀김이 더 기름에 잘 잠기게 해야 효율적으로 튀길 수 있습니다.

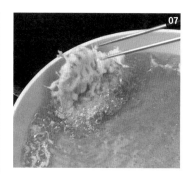

볼에 정해진 개수의 새우를 넣고, 박력분을 뿌려 묻힌다(사진은 가키아게 한 개 분량).

※ 구멍 국자로 건져 가며 새우 한 마리 한 마리에 고르게 박력분을 묻힙니다. 박력분은 너무 많이 넣지 않도록 딱 새우에 묻힐 만큼만 양을 조절하시길 바랍니다.

이어서 3~4마리 분량의 새우를 구멍 국자로 떠서 05의 새우 위에 올린다.

※ 첫 번째 새우가 기름에 가라앉아 있는 동안에 두 번째 새우를 올립니다.

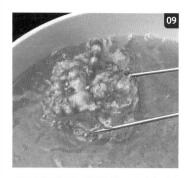

거품이 줄어들고, 기름이 튀는 소리가 나지 않게 되면 다 튀겨진 것이다. 건져내어 튀김용 기름종이에 올려 기름을 뺀다. 튀김옷 사이로 새우의 선명한 붉은색이 비치고, 재료가 입체적인 형태로 잘 뭉쳐져 있으면 잘 튀겨진 것이다.

# 벚꽃새우 가키아게

새우의 감칠맛과 파의 단맛이 입안 가득 퍼지는

**제철**

봄과 가을

**기름 온도**

190℃에서
시작
▼
180℃를
유지

**튀기는 시간**

짧음

최근에 산지인 시즈오카현 이외의 지역에도 유통되기 시
작한 신선한 벚꽃새우를 가키아게로 만들어 보았습니다.
건새우보다 부드럽고 쫄깃한 식감을 지닌 생새우에 대파
를 함께 쓰면 단맛이 더 진해지고 식감도 훨씬 부드러워
집니다.

  작은 새우를 사용해 가키아게를 만들 때, '기름에 흩어
지지 않도록' 튀김옷을 잔뜩 만들기 쉬운데, 이때 튀김옷
을 질척이고 묵직하게 만들어서는 안 됩니다. 구멍 국자로
여분의 튀김옷을 털어낸 다음, 기름에 살며시 넣으면 재료
가 흩어질 일이 없습니다.

재료

벚꽃새우(생)*
대파*
박력분
튀김옷(→16~19쪽. 묽게)
튀김용 기름
덴쓰유(→80쪽) 또는 소금

■ 키친타월

* 벚꽃새우 50g당 대파 1줄기 분량(흰 부
분)을 사용하는 것이 적당하다. 이 정도 양
은 가키아게 두 개 분량에 해당한다.

**01**

벚꽃새우를 볼에 담아 가볍게 물로 씻는다. 체에 건져 물기를 털어낸 후, 키친타월 사이에 넣어 물기를 완전히 제거한다. 준비한 양의 새우를 볼에 담는다.

**04**

03의 볼에 튀김옷을 넉넉히 붓고, 구멍 국자로 건져 가며 섞는다.

※ 튀김옷을 넣으면 반죽이 질어지지 않도록 재빠르게 섞으세요. 튀김옷도 박력분처럼 재료에 골고루 묻힙니다.

**07**

불을 조금 줄인 상태에서 30초 정도 튀긴 후 반대편으로 뒤집는다.

※ 뒤집을 때 젓가락으로 집으면 튀김이 뭉개지니 젓가락 끝으로 튀김을 살짝 들어 뒤집으세요.

**02**

준비한 양의 대파를 8mm 길이로 작게 썬 다음, 벚꽃새우에 섞는다. 튀김용 기름을 불에 올려 190℃까지 달군다.

※ 대파를 지나치게 얇게 썰면 벚꽃새우의 향에 밀려 버리므로 조금 두툼하게 썹니다.

**05**

구멍 국자 하나 분량의 반죽을 190℃로 달군 튀김용 기름에 살며시 넣는다.

※ 여분의 튀김옷은 구멍 국자의 구멍 사이로 자연스레 흘러내립니다. 기름에 살며시 내려놓는다는 느낌으로 넣으면 재료가 사방으로 흩어지지 않습니다.

**08**

이어서 30초 정도 튀긴 후, 다시 반대로 뒤집어 1분 정도 튀기면 끝이다. 가키아게 전체가 기름에 떠오르고 새우 향이 퍼지면 건져내어 튀김용 기름종이에 올려 기름을 뺀다.

**03**

박력분을 뿌려 묻힌다.

※ 볼에 담긴 벚꽃새우 한 마리 한 마리, 대파 한 조각 한 조각에 박력분이 잘 묻도록 버무리듯이 묻힙니다. 이때 박력분을 너무 많이 넣지 않게 주의합니다.

**06**

다시 구멍 국자로 반죽을 떠서 05의 벚꽃새우 위에 올린다.

※ 두 번째 반죽은 첫 번째보다 조금 적게 뜨세요. 그래야 딱 알맞은 두께가 됩니다. 기름에 넣는 순간, 반죽 전체가 작은 거품으로 뒤덮이는데, 익으면 반죽이 떠오르면서 새우가 모습을 드러냅니다.

**이상적인 튀김의 모습**

겉이 바삭하고 향긋하며 안쪽은 수분이 적당히 남아 촉촉하고 부드러운 식감을 냅니다. 반으로 잘랐을 때, 단면에서 달콤한 향이 풍기면 잘 튀겨진 것입니다.

# 당근 가키아게

겨울에 단맛이 더 진해지는 대표적인 뿌리채소

겨울

**기름 온도**

185℃에서
시작
▼
175℃를
유지

**튀기는 시간**

짧음

당근 가키아게는 당근을 5mm 두께의 네모난 막대 형태로 썰어 아삭함을 살리고, 당근 특유의 향과 감칠맛이 도드라지게 만들었습니다. 112쪽에 소개하는 '당근 요세아게'는 단시간에 튀겨내므로 당근의 부드러운 바깥쪽 부분만 쓸 수 있지만, 여기에 소개하는 '당근 가키아게'는 당근을 두껍게 썰어 오래 튀기는 만큼, 당근의 단단한 안쪽 부분까지도 맛있게 먹을 수 있습니다. 두툼한 가키아게가 되도록 시간 간격을 두고 재료를 2단으로 쌓아 보기 좋게 튀겨 주세요.

재료

당근
박력분
튀김옷(→16~19쪽. 묽게)
튀김용 기름
덴쓰유(→80쪽) 또는 소금

당근을 6cm 길이로 자른 다음, 5mm 두께로 얇게 썬다.

※ 껍질 안쪽에 감칠맛을 내는 성분이 있으므로 가키아게를 만들 때는 껍질을 벗기지 않고 튀깁니다.

껍질 쪽은 너비가 1cm를 조금 넘게, 안쪽 부분은 너비가 7mm~1cm가 되도록 썰어 네모난 막대 형태를 만든다. 이렇게 자른 양이 가키아게 1개 분량이다. 튀김용 기름을 불에 올려 185℃까지 달군다.

볼에 정해진 분량의 당근을 넣고, 박력분을 묻힌다(사진은 가키아게 한 개 분량).

※ 당근 한 조각 한 조각에 박력분을 고르게 묻힙니다.

03의 볼에 튀김옷을 넉넉히 붓고, 구멍 국자로 건져가며 섞는다.

※ 튀김옷은 당근의 얇은 껍질에 잘 달라붙을 정도로 묽게 만듭니다. 이 정도 농도면 가벼운 식감으로 튀겨집니다.

구멍 국자 한 개 분량만큼 당근을 떠서 185℃로 달군 튀김용 기름에 넣는다.

※ 구멍 국자를 프라이팬 옆면에 대고 살며시 내려놓으면 재료가 흩어질 일이 없고, 모양도 잘 잡힙니다.

이어서 처음보다 조금 적은 양을 구멍 국자로 떠서 05의 당근 위에 올린다.

1분 정도 튀긴 후, 윗면의 튀김옷이 완전히 굳기 전에 반대로 뒤집는다.

3~4번 정도 더 뒤집으면서 2분 정도를 튀긴다.

※ 처음 넣은 재료가 아래를 향하는 시간이 좀 더 길게 튀깁니다. 거품의 크기는 점점 커지지만, 양은 줄어들기 시작합니다.

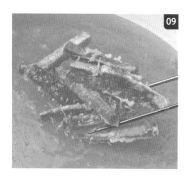

당근이 기름 위로 뜨면 다 튀겨진 것이다. 건져내어 튀김용 기름종이에 올려 기름을 뺀다. 튀김이 두툼하고, 당근의 단맛과 감칠맛이 잘 느껴지면 잘 튀겨진 것이다.

# 당근 요세아게

덴푸라 곤도의 오리지널 메뉴

**제철**

겨울

**기름 온도**

185℃에서
시작

▼

175℃를
유지

**튀기는 시간**

짧음

저희 가게에서는 매우 얇게 썬 당근을 기름 위에 넓게 펼쳐 단숨에 튀긴 다음, 젓가락으로 한데 모아 도톰하게 만든 튀김을 '요세아게'라고 부릅니다. 얇게 채 썬 당근이 가닥가닥 잘 튀겨져 수분이 빠져나가고, 응축된 단맛이 입안 가득 퍼지는 점이 매력입니다. 바삭하고 가벼운 식감이라 입에 넣자마자 살살 녹는 느낌이 듭니다.

당근을 가늘게 썰수록 단맛이 더 잘 느껴지므로 저희 가게에서는 1mm 정도로 매우 얇게 썰어 사용하지만, 가정에서는 조금 더 두껍게 썰어도 괜찮습니다. 튀김옷이 완전히 굳기 전에 재빠르게 건지는 것이 포인트입니다.

**재료**

당근
박력분
튀김옷(→16~19쪽. 묽게)
튀김용 기름
소금

당근을 6cm 길이로 잘라 껍질을 벗긴 후, 1.5~2mm 두께로 돌려 깎는다. 3바퀴 정도 깎고, 남은 조각은 가키아게(→110쪽)를 만들 때 사용한다.

※ 껍질과 심지 부분은 딱딱하므로 다른 요리에 이용합니다. 껍질에 가까운 바깥쪽의 부드럽고 단맛이 강한 부분만을 사용합니다.

볼에 요세아게 한 개 분량의 당근 채를 넣고 박력분을 묻힌다.

※ 손으로 당근 채를 살살 풀어주듯이 섞어 박력분을 골고루 잘 묻힙니다. 요세아게는 한 번에 한 개씩 튀겨 주세요.

불을 조금 줄이고, 잠시만 기다렸다가 젓가락으로 재빠르게 휘휘 저어 프라이팬 전체에 넓게 퍼뜨린다.

※ 기름이 튀는 높은 소리와 함께 작은 거품이 프라이팬 전체에 올라옵니다.

돌려 깎은 당근 3장을 둥글게 만 다음, 세로로 반을 잘라 얇게 편 다음, 1.5~2mm 두께로 가늘게 채 썬다. 이것이 요세아게 1개 분량이다.

※ 당근을 돌려 깎으려면 기술이 조금 필요하므로 그냥 얇게 잘라 채를 썰어도 됩니다.

다른 볼에 튀김옷을 담고, 04의 당근 채를 넣어 구멍 국자로 건져가며 섞는다.

※ 당근 채를 구멍 국자로 떴을 때, 튀김옷의 색이 거의 보이지 않을 정도로 튀김옷을 묽게 만듭니다.

젓가락으로 살살 저어가며 1분 정도 튀긴다. 윗면의 튀김옷이 아직 완전히 익지 않은 상태에서 젓가락으로 당근 채를 한데 모은다.

※ 1분 사이에 거품이 점차 줄어들고 기름이 튀는 소리도 들리지 않게 됩니다. 아직 부드러움이 남아 있던 튀김옷도 이렇게 한데 모으는 사이에 거의 다 익습니다.

손질을 마친 당근의 모습. 튀김용 기름을 불에 올려 185℃까지 달군다.

구멍 국자로 당근 채를 한 국자 크게 떠서 185℃로 달군 튀김용 기름에 살며시 내려놓듯이 넣는다.

도톰하게 모양을 잡은 후, 젓가락으로 건져내어 튀김용 기름종이에 올린다. 손끝으로 살살 눌러 모양을 다듬는다.

※ 요세아게는 덴쓰유에 찍어 먹으면 금방 눅눅해집니다. 한입 크기로 갈라 소금을 뿌려야 훨씬 맛있게 먹을 수 있습니다.

달콤하고 촉촉한

# 옥수수 가키아게

**기름 온도**

180℃에서
시작
▼
170℃를
유지

**튀기는 시간**

중간 정도

옥수수는 기름에 튀기면 단맛이 훨씬 진해지고 촉촉해집니다. 옥수수는 알이 작고 매끄러워 기름에 넣으면 사방으로 흩어지기 쉽지만, 구멍 국자로 떠서 기름에 살며시 내려놓으면 둥글게 형태가 잡힙니다. 몇 알 정도 흩어져도 다시 덩어리 쪽으로 모아 튀김옷을 몇 방울 떨어뜨리기만 하면 다시 뭉칠 수 있어 모양을 다듬기도 쉽습니다.

단, 기름 온도가 조금이라도 높으면 순식간에 뿔뿔이 흩어져 버립니다. 실패를 줄이려면 재료를 넣을 때, 불을 잠시 끄는 것이 좋습니다. 기름 온도가 너무 높으면 옥수수 알갱이가 터져 버릴 수도 있으니 주의하길 바랍니다.

재료

옥수수*
박력분
튀김옷(→16~19쪽. 묽게)
튀김용 기름
덴쓰유(→80쪽) 또는 소금

\* 사진 속 옥수수는 '골드러시'라는 품종이다. 튀김에는 알이 굵은 옥수수를 쓰는 것이 좋다.

옥수수의 양 끝을 잘라낸 후, 절반 길이로 썬다. 세로로 나 있는 옥수수의 홈 한 곳에 칼날을 깊이 넣은 다음, 돌려 깎듯이 옥수수 알갱이를 벗겨낸다. 옥수수 알갱이를 일일이 떼어 볼에 담는다. 옥수수 한 개로 가키아게를 두 개 만들 수 있다.

180℃로 달군 튀김용 기름의 불을 끈다. 구멍 국자로 옥수수를 한 국자 떠서 넣은 뒤, 다시 불을 켠다.
※ 여분의 튀김옷은 구멍 국자의 구멍 사이로 자연스레 흘러내립니다. 옥수수를 기름에 살며시 내려놓듯이 넣으면 알이 흩어지지 않습니다.

옥수수 덩어리가 뭉개지지 않도록 젓가락으로 살짝 들어 반대로 뒤집는다. 그대로 1분 정도 더 튀긴다.
※ 재료를 프라이팬 측면에 대면 형태를 무너뜨리지 않고 편하게 뒤집을 수 있습니다. 젓가락으로 집거나 찔러서는 안 됩니다.

튀김용 기름을 불에 올려 180℃까지 달군다. 01의 옥수수에 박력분을 묻힌다(사진은 1개 분량).
※ 옥수수 알갱이 한 알 한 알에 박력분이 고르게 묻을 수 있도록 볼 안에서 버무리듯이 묻힙니다.

1분 정도 조용히 튀긴다.
※ 처음에는 옥수수가 바닥으로 가라앉으면서 작은 거품에 뒤덮입니다. 튀김옷이 어느 정도 굳을 때까지 튀깁니다.

다시 반대로 뒤집고, 주변에 흩어진 옥수수 알갱이가 있다면 건져서 덩어리 위에 올리고, 튀김옷을 다섯 방울 정도 떨어뜨린다.
※ 튀김옷 다섯 방울이 위에 얹은 옥수수 알갱이를 덩어리에 고정하는 역할을 합니다.

02의 볼에 튀김옷을 듬뿍 붓고, 구멍 국자로 떠 가면서 섞는다.
※ 튀김옷은 옥수수에 얇은 막이 씌워질 정도로 묽게 만듭니다. 실제로 만들어 보면 생각보다 훨씬 묽습니다.

처음 뜬 양의 80%에 해당하는 양의 옥수수를 구멍 국자로 떠서 05에 살며시 얹는다. 그런 다음 1분 정도 더 튀긴다.
※ 처음 넣은 옥수수가 기름에 뜨고, 알갱이가 조금 작아져 보일 때, 두 번째 옥수수를 넣습니다.

1분 정도 더 튀긴다. 튀김을 들어 올렸을 때, 가볍게 느껴지면 다 튀겨진 것이다. 튀김용 기름종이에 올려 기름을 뺀다. 잘 튀겨진 옥수수 가키아게는 옥수수 한 알 한 알이 또렷하게 보이고, 알갱이들을 튀김옷이 연결한 상태가 된다.

# 채두 가키아게

깍지 여러 개가 모여 저마다 자연스러운 형태를 이루는

흔히 그린빈이라 불리는 채두도 가키아게를 만들기 좋은
채소입니다. 가느다란 깍지를 열 개 정도 모아 튀기면 단
맛과 향이 몇 배로 증가합니다. 굵고 긴 깍지는 두 개 정도
만 반으로 잘라 사용하는 것이 좋습니다. 굵기와 길이를
대충 비슷하게 맞추지 않으면 고르게 튀겨지질 않습니다.

채두는 금세 익기 때문에 반대편으로 뒤집지 않고 한쪽
면만 튀겨도 충분합니다. 기름에 넣을 때, 프라이팬의 옆면
을 따라 살며시 내려놓으면 깍지가 흩어지지 않고 형태가
잘 잡힙니다.

재료

채두(그린빈)*
박력분
튀김옷(→16~19쪽. 묽게)
튀김용 기름
덴쓰유(→80쪽) 또는 소금

* 굵은 것을 사용할 때는 길이를 반으로
자른다.

꼭지 쪽을 5mm 정도 꺾어서 딴다.
※ 꼭지 쪽을 꺾으면 향이 더 잘 올라옵니다.

손질을 마친 채두의 모습. 사진처럼 가느 다란 채두는 열 개, 굵은 깍지는 두 개를 절 반 길이로 잘라 네 조각을 써야 가키아게 한 개 분량이 된다. 튀김용 기름을 불에 올려 180℃까지 달군다.

볼에 정해진 분량의 채두를 넣고, 박력분을 묻힌다(사진은 한 개 분량).
※ 볼 안에서 채두를 버무리듯이 깍지 하나 하나에 박력분을 골고루 묻힙니다.

03의 볼에 튀김옷을 넉넉히 붓고, 구멍 국자 로 건져가며 섞는다.
※ 튀김옷은 채두에 얇은 막이 씌워진 느낌 이 들 만큼 얇아야 합니다. 생각보다 얇지만, 그만큼 식감이 가벼워지고 채두의 풍미도 잘 삽니다.

가키아게 한 개 분량의 재료를 구멍 국자로 떠서 180℃로 달군 튀김용 기름에 넣는다.
※ 프라이팬의 옆면을 따라 살며시 내려놓으 면 재료가 흩어지지 않고 '뗏목 형태'로 뭉쳐 집니다.

튀김옷이 조금 굳으면 젓가락으로 가볍게 밀 어 프라이팬의 정중앙으로 이동시킨다.

반대로 뒤집지 않고 한쪽 면만 1분 30초 가 까이 튀긴다. 거품의 양이 줄어들고, 기름이 잠잠해지면 다 튀겨진 것이다.

건져내어 튀김용 기름종이에 올려서 기름을 뺀다.
※ 튀김옷이 얇으므로 흩어지지 않도록 젓가 락으로 조심스럽게 들어 올립니다.

**이상적인 튀김의 모습**

잘 튀긴 채두 가키아게는 반으로 잘랐을 때, 속까지 부드럽고 촉촉하게 잘 튀겨져 있습니 다. 재료를 간신히 고정할 정도로 튀김옷을 최소한으로 사용해야 잘 만든 것입니다.

# 누에콩 가키아게

기름에 튀겨 더 맛있는

**제철**

초봄

**기름 온도**

180℃에서
시작
▼
170℃를
유지

**튀기는 시간**

짧음

누에콩은 보통 데쳐서 먹을 때가 많은데, 튀김으로 만들면 단맛과 감칠맛, 그리고 향이 더 진해져 풍부한 맛을 냅니다. 식감은 포슬포슬함과 촉촉함이 공존하는 것처럼 부드러운데, 이런 식감 또한 오직 튀김에서만 맛볼 수 있습니다. 누에콩의 선명한 연녹색과 향이 잘 유지되도록 170℃가 넘지 않는 온도에서 튀깁니다. 처음에 기름 온도가 너무 높으면 콩이 흩어지기 쉬우므로 재료를 넣기 전에 불을 잠시 끄는 것이 좋습니다.

재료

누에콩*
박력분
튀김옷(→16~19쪽. 묽게)
튀김용 기름
덴쓰유(→80쪽) 또는 소금

* 누에콩은 배꼽이 검은색인데, 이 부분이 녹색이면 아직 열매가 덜 익었다는 증거다. 배꼽이 녹색일 때 식감이 더 부드러워 튀김에 쓰기 좋다.

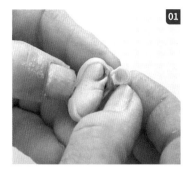

누에콩을 깍지에서 꺼낸다. 평평한 면의 껍질을 손끝으로 찢어 둥근 껍질을 싹 벗긴다.
※ 배꼽 부분부터 벗기면 콩이 상하기 쉽습니다. 평평한 면부터 벗겨야 말끔히 벗길 수 있습니다.

03의 볼에 튀김옷을 넉넉히 붓고, 구멍 국자로 건져 가며 섞는다.
※ 튀김옷은 누에콩에 얇게 막이 씌워질 정도로 얇아야 합니다. 생각보다 얇지만, 그만큼 식감이 가벼워지고, 누에콩의 풍미가 잘 살아납니다.

거품이 작아지고 거품의 양도 줄어들면 다 튀겨진 것이다. 건져내어 튀김용 기름종이에 올려 기름을 뺀다.

손질을 마친 누에콩의 모습. 가키아게 한 개에 누에콩 약 열 알을 사용한다. 튀김용 기름을 불에 올려 180℃까지 달군다.

180℃로 달군 튀김용 기름의 불을 잠시 끄고, 가키아게 한 개 분량의 누에콩을 넣는다.
※ 불을 끈 상태에서 프라이팬 옆면을 따라 콩을 한곳으로 몰듯이 기름에 살며시 내려놓으면 사방으로 흩어지지 않습니다.

**이상적인 튀김의 모습**

잘 튀긴 누에콩 가키아게는 콩이 매우 적은 양의 튀김옷만으로 연결되어 있으며, 튀김옷 사이로 선명한 연녹색이 비치고, 콩이 통통하고 부드럽습니다.

볼에 정해진 분량의 누에콩을 넣고, 박력분을 묻힌다.
※ 볼에 담긴 누에콩 한 알 한 알에 박력분을 버무리듯이 골고루 묻힙니다. 이때 박력분을 너무 많이 넣지 않도록 주의하세요.

30초 후에 불을 다시 켜고, 기름 온도를 170℃로 유지하면서 누에콩을 계속 튀긴다. 반대로 뒤집지 않고, 약 2분 동안 서서히 튀긴다.
※ 알이 굵은 누에콩을 소량의 튀김옷으로 연결한 상태라 쉽게 뭉개질 수 있습니다. 반대로 뒤집지 않고 되도록 건드리지 않은 채, 그대로 튀깁니다.

전문점의
맛

# 텐동과 텐챠

튀김으로 만드는
대표적인 식사 메뉴인
텐동과 텐챠.
어패류나 채소로
가키아게를 만들고,
돈부리 소스나
차를 우려낸
국물로 맛을 냅니다.

## 텐동

'덴푸라 곤도'에서는 튀김을 거의 다 먹어갈 때쯤, 식사를 마무리하는 음식으로 텐동(튀김덮밥)이나 텐챠(튀김 오차즈케) 가운데 한 가지를 선택할 수 있습니다. 달콤하면서도 짭조름한 돈부리 소스에 푹 담근 가키아게를 밥 위에 올려 먹는 음식으로, 도쿄 사람들 입맛에 잘 맞는 텐동. 그리고 가키아게를 올린 밥에 차를 우린 국물(호지차 풍미의 국물)을 부어 먹는 깔끔한 맛의 텐챠. 둘 중 어느 하나도 포기할 수 없을 만큼 맛있습니다.

'덴푸라 곤도'에서는 텐동과 텐챠에 모두 개량조개 관자로 만든 가키아게를 올리지만, 가정에서는 쉽게 구할 수 있는 새우를 추천합니다. 풍미나 식감, 부피감 등의 측면에서 텐동이나 텐챠와 잘 어울립니다. 여기서는 텐동에 중하(시바새우)로 만든 가키아게를 올리고, 텐챠에는 중하와 파드득나물을 섞어 만든 가키아게를 얹었습니다.

**텐챠**

텐동은 갓 튀겨낸 튀김을 돈부리 소스에 푹 담갔다 꺼내므로 튀김옷이 쉽게 불어버립니다. 그래서 일반적인 가키아게보다 형태를 더 잘 유지하도록 좀 더 진한 튀김옷을 사용해 바삭하고 고소하게 튀겨내는 것이 포인트입니다. 반면 텐챠는 어디까지나 오차즈케이므로 부담 없이 술술 넘어가도록 가키아게의 튀김옷을 묽게 만들어야 합니다. 이렇게 튀겨낸 가키아게를 밥위에 얹고, 여기에 가다랑어포 육수에 호지차를 우린 국물을 붓기 때문에 향이 좋고 산뜻한 맛을 냅니다(만드는 방법은 모두 122쪽을 참조).

### 텐챠를 먹는 방법

본인이 원하는 방법대로 먹으면 됩니다. 저는 개인적으로 튀김 일부를 먼저 소금에 찍어 한입 먹고, 와사비를 튀김 한가운데에 듬뿍 얹은 다음, 국물을 단숨에 부어서 오차즈케처럼 후루룩 먹습니다.

달콤하면서도 짭조름한 돈부리 소스를 넣어
감칠맛이 가득한

# 텐동

호지차 풍미를 더한 국물로
깔끔하게 먹는

# 텐챠

재료

**중하 가키아게**
- 중하
- 박력분
- 튀김옷(→16~19쪽. 조금 묽게)
- 튀김용 기름

○ **돈부리 소스(만들기 쉬운 분량)**
- 요리술 … 250ml
- 미림 … 100ml
- 물 … 150ml
- 가다랑어포 … 8g
- 간장 … 150ml

밥

만드는 법

**01** 돈부리 소스를 만든다. 냄비에 요리술과 미림을 넣고 강불에 올린 다음, 끓어오르면 1분 정도 계속 끓여 알코올 성분을 날려 보낸다. 여기에 물과 가다랑어포를 붓고 끓인다. 펄펄 끓으면 간장을 넣고 더 끓인 후에 거품을 걷어내고 불을 끈다. 그대로 5분 정도 두었다가 키친타월에 거른다. 이렇게 만든 돈부리 소스는 상온에 둔다.

**02** 중하 가키아게를 만든다(→106쪽의 '새우 가키아게'를 참조).

**03** 사발에 밥을 담는다. 갓 튀긴 가키아게를 돈부리 소스에 충분히 담갔다가 건져서 소스가 흘러내리는 상태 그대로 밥에 얹는다.

재료

**중하와 파드득나물로 만드는 가키아게**
- 중하
- 파드득나물
- 박력분
- 튀김옷(→16~19쪽. 묽게)
- 튀김용 기름

○ **텐챠용 국물**
- 기본 육수(만들기 쉬운 분량, 400ml 사용)
- 물 … 1L
- 하코다테산 다시마 … 1장(가로세로 5cm 크기)
- 가다랑어포 … 5g
- 호지차 잎 … 2큰술
- 소금 … 1작은술
- 간장 … 1작은술

밥
소금, 와사비

만드는 법

**01** 텐챠용 국물을 만들기 위한 기본 육수를 만든다. 냄비에 물과 하코다테산 다시마를 넣고 강불에 올린 다음, 냄비 바닥에서부터 거품이 올라오기 시작하면 가다랑어포를 넣는다. 물이 부글부글 끓으면 불을 끄고 거품을 걷어낸다. 그대로 5분 정도 두었다가 체에 내린다.

**02** 냄비에 01의 기본 육수 400ml를 담아 불에 올리고, 소금과 간장을 첨가한다. 여기에 호지차를 넣고 끓인다. 끓어오르면 불을 끄고 바로 차 거름망에 걸러 다관에 담는다.

**03** 중하와 파드득나물로 가키아게를 만든다(→106쪽의 '새우 가키아게'를 참조. 새우에 큼직하게 썬 파드득나물을 섞어서 튀긴다).

**04** 사발에 밥을 담고, 갓 튀긴 가키아게를 올린다. 작은 접시에 소금과 와사비를 담아 02의 텐챠용 국물과 함께 곁들인다.

튀김은 그대로 먹지만은 않습니다.
다른 맛을 살짝 첨가하거나
다른 재료와 조합해
한 끼 식사로 좋은 음식을 만들면
활용도가 단숨에 증가합니다.
와인 안주로 좋은 색다른 튀김도
한번 즐겨 보시기 바랍니다.

반찬용 튀김

튀김은 그 자리에서 바로 튀겨 덴쓰유나 소금을 찍어 먹는 것이 기본입니다. 하지만 가끔은 발상을 전환해 다양한 재료나 조미료를 조합한 '반찬용 튀김'이라는 별미를 맛보는 것도 좋지 않을까요. 튀김은 꼭 이래야 한다는 편견에서 벗어나 자유로워지면, 이제껏 깨닫지 못한 튀김의 색다른 맛을 발견하는 즐거운 경험을 할 수 있을 것입니다.

저는 튀김을 튀기거나 재료를 살피는 동안에도 이것으로 무엇을 해보면 좋을지, 그렇게 하면 어떤 맛이 날지를 상상해보고는 합니다. 그리고 앞으로도 '튀김은 사실 이런 식으로도 활용할 수 있답니다!'라는 엄청난 가능성을 사람들에게 전하고 싶습니다.

이번 장에서는 무침이나 찜, 밥 요리 같은 일식부터 파스타나 디저트에 이르기까지 그야말로 장르를 가리지 않고 이 책을 위해 개발한 새로운 반찬용 튀김 아홉 가지를 소개합니다. 여러분도 여기에 소개하는 레시피를 참고해서 자신만의 반찬용 튀김을 즐겨 보세요.

# 채소튀김 기미즈 소스를 끼얹은

채소튀김을 초무침으로 만들어 보았습니다. 다양한 종류의 튀김을 한데 담으면 보기에도 화려하고 맛에도 변화를 줄 수 있습니다. 새콤달콤한 기미즈 소스를 끼얹으면 튀김옷이 끈적이지 않아 튀김을 산뜻하게 먹을 수 있습니다.

### 재료

녹색 아스파라거스(→30쪽과 같이 손질해 둔다. 이하 동일),
당근 2종(→110쪽, 112쪽), 가지(→38쪽), 연근(→44쪽),
백합근(→48쪽), 단호박(얇게 썰기), 콜리플라워(한입 크기)
박력분, 튀김옷(→16~19쪽), 튀김용 기름

∘ **기미즈 소스(만들기 쉬운 분량)**
┌ 달걀노른자 … 2개(L 사이즈)(*64g 이상 70g 미만의 계란으로 특란~왕란에 해당-옮긴이)
│ 설탕(백설탕) … 20g
└ 식초 … 80ml

### 만드는 법

**01** 기미즈 소스를 만든다. 냄비에 달걀노른자와 설탕을 넣고 나무 주걱으로 저어 섞는다. 약불에 올리고 천천히 저으면서 식초를 조금씩 붓는다. 소스가 길쭉해지면 불을 끄고 한 김 식힌 후에 냉장실에 넣어 차갑게 식힌다.

**02** 튀김을 튀긴다.

• 튀김용 기름을 175℃로 달군 후, 손질한 연근에 박력분과 튀김옷을 순서대로 묻혀서 넣는다. 기름 온도를 165℃로 유지하면서 튀기고, 한입 크기로 썬다.

• 이어서 기름 온도를 180℃로 올리고, 녹색 아스파라거스·가지·백합근·단호박·콜리플라워에 박력분과 튀김옷을 순서대로 묻혀 넣고, 기름 온도를 170℃로 유지하면서 튀긴다.

• 마지막으로 기름 온도를 185℃로 올린다. 볼에 당근을 네모난 막대 모양으로 썰어 넣고, 박력분을 묻힌 다음, 튀김옷을 입혀 구멍 국자로 기름에 넣고, 기름 온도를 175℃로 유지하면서 가키아게를 만든다. 같은 방법으로 당근을 얇게 채 썰어 요세아게를 만든다.

**03** 만든 튀김을 한 접시에 가지런히 담고, 기미즈 소스를 끼얹는다.

# 흰살생선 튀김

## 가부라무시 스타일의

흰살생선이나 채소 위에 간 순무와 구즈앙(간장이나 설탕으로 간한 국물에다 물에 푼 갈분을 넣어 뭉
근하게 끓인 식품 - 옮긴이)을 뿌려서 찌는 요리인 '가부라무시'에서 힌트를 얻었습니다. 맛이 진한
금눈돔과 풋풋한 향을 내는 누에콩을 튀겨서 그릇에 담고, 뜨거운 구즈앙을 부은 다음 순무를
갈아서 올립니다.

## 만드는 법

**01** 튀김을 튀긴다.

- 튀김용 기름을 180℃로 달군다. 손질한 누에콩을 볼에 담고 박력분과 튀김옷을 순서대로 입힌
  다음, 구멍 국자를 이용해 기름에 넣고 기름 온도를 170℃로 유지하면서 가키아게를 만든다.

- 이어서 기름 온도를 190℃로 올리고, 금눈돔 토막에 박력분, 튀김옷을 순서대로 묻힌 다음,
  기름 온도를 175~180℃로 유지하면서 튀긴다.

**02** 구즈앙을 만든다. 갈분을 물에 풀어 둔다. 기본 육수를 중불에 올린 다음, 육수가 끓어오르면
미림과 간장을 넣고 펄펄 끓인다. 물에 푼 갈분을 소량씩 부으면서 섞어 육수가 걸쭉해지도
록 농도를 맞춘다.

**03** 접시에 튀김을 담고 구즈앙을 적당량 부은 다음, 순무를 갈아 한가운데에 얹는다.

## 재료

금눈돔(토막)
누에콩(→118쪽과 같은 방법으로 손질한다)
박력분, 튀김옷(→16~19쪽)
튀김용 기름
간 순무

### ◦ 구즈앙(만들기 쉬운 분량)

┌ 기본 육수(→122쪽) ··· 360ml
│ 미림 ··· 20ml
│ 간장 ··· 40ml
│ 갈분 ··· 40g
└ 물 ··· 40ml

# 흰살생선과 봄철 채소를 넣은 앙카케

튀김에 구즈앙을 끼얹은 단순한 요리입니다.
튀김은 흰살생선인 금눈돔과 산나물, 봄철 채소, 세 가지의 모둠 튀김을 준비합니다.
튀김과 구즈앙은 맛과 식감이 모두 잘 어울려서 부드럽고 깔끔하게 먹을 수 있습니다.

## 만드는 법

01  고비는 젖은 행주로 닦아 이물질을 제거하고, 손바닥으로 가볍게 두드려 향을 낸다.

02  튀김을 튀긴다.

- 튀김용 기름을 180℃로 달군다. 손질한 고비, 두릅 새싹, 쓰보미나에 박력분과 튀김옷을 순서대로 묻혀 기름에 넣고, 머위 새순과 유채는 박력분을 생략하고 튀김옷만 묻혀서 기름에 넣는다. 기름 온도를 170℃로 유지하면서 튀긴다.

- 이어서 기름 온도를 190℃로 올리고, 금눈돔에 박력분과 튀김옷을 묻혀 넣고, 기름 온도를 175~180℃로 유지하면서 튀긴다. 다 튀겨지면 3등분으로 자른다.

03  구즈앙을 만든다.

04  그릇에 튀김을 담고, 구즈앙을 적당량 끼얹는다.

## 재료

금눈돔(토막),
유채(→46쪽과 같은 방법으로 손질한다. 이하 동일),
두릅 새싹(→50쪽), 쓰보미나(→50쪽 '두릅 새싹'과 같은 방법으로 손질),
머위 새순(→52쪽), 고비
박력분, 튀김옷(→16~19쪽), 튀김용 기름

◦ 구즈앙(→126쪽)

(＊쓰보미나는 양배추나 브로콜리 같은 십자화과 채소로, 갓의 근연종이며 다양한 요리에 쓰인다- 옮긴이)

건강한 텐동

닭가슴살로 만든

당질을 억제하면서도 맛있게 먹을 수 있는 텐동을 고안했습니다.
밥양을 줄이는 만큼 양상추의 양을 늘려 푸짐하고 포만감이 느껴지게 했습니다.
튀김은 열량이 낮은 닭가슴살로 만들고, 기름에 튀긴 달걀을 곁들여 부드러운 반숙 노른자를
터뜨려가며 먹습니다.

## 만드는 법

**01** 양상추를 큼직하게 찢어 다이하쿠 참기름에 버무린다. 이것을 밥에 섞어 사발에 담는다.

※ 양상추는 따뜻한 밥에 직접 닿으면 갈변하지만, 다이하쿠 참기름에 미리 버무려 두면 녹색을
그대로 유지합니다.

**02** 닭가슴살 가운데에 세로로 길게 칼집을 낸 후 좌우를 절반 두께로 저며 넓게 펼친 다음, 그 위
에 슬라이스 치즈를 올리고 다시 원래의 형태로 접는다. 튀김용 기름을 180℃로 달구고, 닭가
슴살에 박력분과 튀김옷을 순서대로 묻힌 후, 기름 온도를 170~175℃로 유지하면서 튀긴다.

**03** 달걀을 작은 볼에 깨뜨려 넣은 뒤, 02튀김용 기름에 조심스레 넣어 그대로 기름에 튀긴다.
흰자만 익고 노른자가 아직 다 익지 않은 상태에서 건져낸다.

**04** 02의 튀긴 닭가슴살을 돈부리 소스에 적신 후, 01의 밥에 올린다. 그 위에 03의 튀긴 달걀을
얹는다.

## 재료

닭가슴살, 슬라이스 치즈(녹는 타입)
박력분, 튀김옷(→16~19쪽), 튀김용 기름
달걀
돈부리 소스(→122쪽)
밥
양상추
다이하쿠 참기름

# 튀김을 넣은 영양밥

비빔밥이나 영양솥밥 같은 느낌으로 작게 썬 튀김을 밥에 섞어 넣어 봤습니다.
어패류와 각종 채소를 섞어 밥 이외의 다른 재료가 푸짐하게 들어간 '고모쿠고항'처럼 만들어 봤습니다. 튀김과 밥을 섞을 때, 소금으로 간을 합니다.

## 만드는 법

**01** 튀김을 튀긴다.

- 튀김용 기름을 175℃로 달구고, 연근에 박력분과 튀김옷을 순서대로 묻혀 기름에 넣고, 기름 온도를 165~170℃를 유지하면서 튀긴다.

- 이어서 기름 온도를 180℃로 올리고, 표고버섯과 백합근에 박력분과 튀김옷을 순서대로 묻혀 기름에 넣고, 기름 온도를 170℃로 유지하면서 튀긴 후, 둘 다 네모난 막대 형태로 썬다.

- 기름 온도를 185℃로 올리고, 당근과 우엉을 각각 볼에 담아 박력분과 튀김옷을 순서대로 묻힌 뒤, 구멍 국자를 이용해 기름에 넣고, 기름 온도를 175℃로 유지하면서 튀겨 가키아게를 만든다.

- 마지막으로 기름 온도를 200℃로 올리고, 붕장어에 박력분과 튀김옷을 순서대로 묻혀 기름에 넣고, 기름 온도를 190℃로 유지하면서 튀긴다.

**02** 밥에 튀김을 섞고, 소금으로 간한다.

**03** 사발에 옮겨 담고, 파드득나물을 뿌린다.

## 재료

붕장어(→88쪽과 같이 손질한다. 이하 동일),
연근(→44쪽), 백합근(→48쪽),
표고버섯(→62쪽), 당근(→110쪽),
연근(채 썰기)
박력분, 튀김옷(→16~19쪽), 튀김용 기름
파드득나물(큼직하게 썰기)
밥
소금

# 튀김을 넣은 달걀덮밥

일본식 돈가스 덮밥인 가츠동처럼 돈부리 소스에 달걀물을 부어 끓이다가 가키아게를 올려 익힌 뒤, 밥에 얹어 덮밥을 만들어 봤습니다. 달걀을 푹 익히지 말고 반숙 상태로 올려야 더 맛이 좋습니다. 가키아게에 채소보다 새우나 개량조개 관자 같은 어패류를 넣어야 더 풍부하고 만족스러운 맛을 느낄 수 있습니다.

## 만드는 법

**01** 튀김을 튀긴다.

- 튀김용 기름을 190℃로 달군다. 볼에 중하·개량조개 관자·파드득나물을 넣고 섞은 다음, 박력분과 튀김옷을 순서대로 묻혀 기름에 넣고, 기름 온도를 180℃로 유지하면서 튀겨 가키아게를 만든다.

**02** 작은 냄비에 대파와 돈부리 소스를 넣고 끓인 뒤, 파가 익으면 달걀물을 붓는다. 여기에 튀김을 올리고 뚜껑을 덮은 채로 달걀이 반숙 상태가 되도록 살짝 열을 가한다.

**03** 사발에 밥을 담고, **02**를 올린 뒤, 파드득나물을 뿌린다.

## 재료

중하(→106쪽과 같이 손질한다),
개량조개 관자, 파드득나물(큼직하게 썰기)
박력분, 튀김옷(→16~19쪽), 튀김용 기름
대파(얇게 어슷썰기)
돈부리 소스(→122쪽)
달걀물
파드득나물(큼직하게 썰기)
밥

# 튀김을 올린 죽

텐챠를 조금 변형시킨 음식입니다.
잘게 썬 채소와 밥을 기본 육수에 넣고 끓여 죽을 만든 다음, 그 위에 보리멸 튀김을 올립니다.
육수에 보리멸과 튀김옷의 감칠맛이 스며들어 국물 맛이 고소해집니다.

## 만드는 법

**01** 튀김을 튀긴다.

- 튀김용 기름을 190℃로 달군다. 보리멸에 박력분과 튀김옷을 순서대로 묻혀 기름에 넣고, 기름 온도를 175~180℃로 유지하면서 튀긴다.

**02** 기본 육수를 데우고 소금으로 간한 뒤, 표고버섯과 무를 넣고 부드러워질 때까지 끓인다. 밥을 물에 한 번 씻은 뒤, 체에 담아 물기를 뺀 다음, 파드득나물과 함께 육수에 넣고 부드럽게 풀면서 데운다.

**03** 02에 튀김을 올린다.

## 재료

보리멸(→90쪽과 같은 방법으로 손질한다)
박력분, 튀김옷(→16~19쪽), 튀김용 기름
표고버섯(얇게 저미기)
무(네모난 막대 모양으로 썰기)
파드득나물(큼직하게 썰기)
기본 육수(→122쪽)
소금
밥(찬밥이 좋다)

# 채소 튀김을 얹은 스파게티

튀김을 스파게티 소스 대용으로 써 봤습니다. 스파게티는 데쳐서 올리브유에 볶고, 그 위에 채소 가키아게를 큼직하게 쪼개어 보기 좋게 담습니다.
채소는 취향껏 선택하면 되지만, 튀김옷은 되도록 얇게 입혀서 채소 본연의 색이 잘 드러나게 합니다.

## 만드는 법

**01** 튀김을 튀긴다.

- 튀김용 기름을 190℃로 달군다. 볼에 양파·가지·파드득나물·표고버섯을 넣고 박력분과 튀김옷을 순서대로 묻힌 다음, 구멍 국자로 떠서 기름에 넣는다. 기름 온도를 180℃로 유지하면서 가키아게를 만든다.
- 이어서 푸른 차조기 잎에 박력분과 튀김옷을 순서대로 묻히고 180℃의 기름에 넣은 다음, 기름 온도를 170℃로 유지하면서 튀긴다.

**02** 소금을 넣고 끓인 물에 스파게티를 넣고, 씹는 맛이 살짝 남을 정도로 삶는다. 뜨거운 물을 버리고, 삶은 면에 으깬 마늘과 올리브유를 넣고 가볍게 볶은 다음, 소금과 후추를 뿌려서 간을 한다.

**03** 01을 살짝 쪼개어 02의 스파게티에 섞고 가볍게 버무린다. 그릇에 옮겨 담고 푸른 차조기 잎 튀김을 살짝 부수어 그 위에 뿌린다.

## 재료

양파(작게 썰기), 가지(작고 얇게 썰기),
파드득나물(큼직하게 썰기), 표고버섯(얇게 썰기),
푸른 차조기 잎(→54쪽과 같이 손질한다)
박력분, 튀김옷(→16~19쪽), 튀김용 기름
스파게티
올리브유
소금, 후추, 마늘

# 고구마와 검은콩으로 만든 디저트

두툼하게 썰어 튀긴 고구마로 디저트를 만들어 봤습니다.
포슬포슬하게 튀겨진 고구마를 둥글게 파낸 후, 달게 만드는 일본식 검은콩 설탕 졸임과 함께 담기만 하면 됩니다. 마롱 글라세 스타일로 만든 검은콩 설탕 졸임의 끈적이는 식감과 깊은 풍미가 고구마와 잘 어울립니다.

## 만드는 법

01 튀김용 기름을 180℃로 달군다. 고구마에 박력분과 튀김옷을 순서대로 묻혀 기름에 넣고, 기름 온도를 170℃로 유지하면서 30분 동안 천천히 튀긴 다음, 키친타월로 감싸 10분간 잔열로 속까지 익힌다.

02 고구마의 속살을 둥글게 파내어 검은콩과 함께 그릇에 담는다.

## 재료

고구마(→72쪽과 같은 방법으로 손질한다)
박력분, 튀김옷(→16~19쪽), 튀김용 기름
일본식 검은콩 설탕 조림

| '와인에 어울리는 튀김을 생각해주세요'라는 요청을 받고 제가 고안한 것이
'와인 튀김옷'입니다. 입안에 넣는 순간 은은하게 퍼지는 포도의 향과
바삭바삭한 식감이 변화구 같은 맛입니다.

# 보리멸 화이트와인 튀김

**제철**

여름

**기름 온도**

190℃에서
시작
▼
175~180℃를
유지

**튀기는 시간**

짧음

와인으로 튀김옷을 만들면 새로운 감각의 튀김을 만들 수 있지 않을까? 그런 생각으로 도전해본 '와인 튀김옷'. 여기서는 대표적인 튀김 재료인 보리멸의 고급스러운 맛을 잘 살려줄 화이트와인 튀김옷을 사용합니다. 기름에 넣는 순간, 알코올 성분이 날아가 버리기 때문인지 튀김옷이 바삭하고 가벼워져 보리멸의 부드러운 식감에 악센트가 되어 줍니다. 또 먹고 나면 입안에 화이트와인의 고급스러운 향이 감돌아 술을 더 맛있게 즐길 수 있습니다.

재료

보리멸
화이트와인 튀김옷
(화이트와인 : 체에 내린 박력분 =1:1)
박력분, 튀김용 기름

화이트와인 튀김옷을 만든다. 볼에 화이트와인을 붓는다.

준비한 박력분의 3분의 2 분량을 넣고, 거품기로 8자 모양을 그리며 여섯 번 정도 섞는다. 나머지 박력분도 마저 넣고 같은 방법으로 섞는다.
※ 덩어리가 살짝 남는 정도면 됩니다.

보리멸을 91쪽의 01~03과 같은 방법으로 손질한다. 튀김용 기름을 불에 올리고, 190℃로 달군다.

03에 박력분을 묻히고, 젓가락을 탁탁 쳐서 여분의 가루를 털어낸다.

02의 화이트와인 튀김옷에 담근다.

190℃로 달군 튀김용 기름에 보리멸 껍질이 위로 오게 넣는다. 15초 정도 후에 불을 잠시 끄고, 1분 정도 가만히 튀긴다.

다시 불을 켜고 30초 정도 튀긴 다음, 불을 끄고 10초 정도 그대로 둔다. 마지막으로 강한 불에 올려 10초 정도 튀긴다.

보리멸이 서서히 젖혀지고, 튀김옷에서 나오는 거품의 양이 적어지면 다 튀겨진 것이다. 튀기는 시간은 총 2분 정도다.
※ 보리멸은 반대로 뒤집지 않아도 전체가 골고루 익습니다.

건져내어 튀김용 기름종이에 올린 다음, 1분 정도 기름을 빼면서 잔열로 마저 익힌다.

# 붕장어 레드와인 튀김

**제철**

늦가을~겨울

**기름 온도**

200℃에서
시작
▼
185~190℃를
유지

**튀기는 시간**

중간 정도

지방이 축적된 붕장어는 튀김옷에 화이트와인보다 맛과 향이 진한 레드와인을 넣어 튀겨야 더 깊은 맛을 냅니다. 이 튀김은 특히 튀겨낸 모습을 눈으로 즐겨 주셨으면 합니다. 실로 아름다운 선홍색 튀김옷을 두른 붕장어는 손님에게 와인을 대접할 때 함께 곁들이기 딱 좋습니다. 테이블에 올려놓기만 해도 화려한 생김새가 눈길을 끌며 분위기를 띄우는 역할을 할 것입니다.

**재료**

붕장어(한 장으로 펼친 것)
레드와인 튀김옷
(레드와인:체에 내린 박력분 =1:1)
박력분, 튀김용 기름

레드와인 튀김옷을 만든다. 볼에 레드와인을 붓는다.

뒤집어서 반대편도 같은 방법으로 닦는다. 튀김용 기름을 불에 올려 200℃로 달군다.
※ 붕장어는 물에 씻지 않고, 03~04의 방법으로 닦아 물기가 거의 남지 않게 합니다.

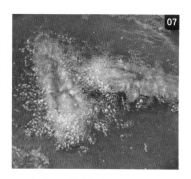

200℃로 달군 튀김용 기름에 붕장어의 껍질이 아래를 향하도록 곧게 넣는다. 15초 정도 튀기면서 껍질을 익힌다.

박력분의 3분의 2 분량을 넣고, 거품기로 8자 모양을 그리며 6번 정도 섞는다. 나머지 박력분도 마저 넣고 같은 방법으로 섞는다.
※ 덩어리가 살짝 남는 정도면 됩니다.

박력분을 묻히고, 젓가락으로 탁탁 쳐서 여분의 가루를 털어낸다.

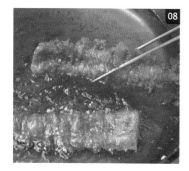

반대로 뒤집어서 몸쪽을 1분 정도 충분히 익힌다. 그런 다음 다시 뒤집어서 껍질을 1분, 또 뒤집어서 몸쪽을 1분 튀긴다. 마지막으로 한 번만 더 뒤집어 껍질을 1분 정도 튀기면서 충분히 익힌다.

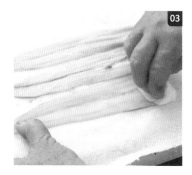

붕장어의 껍질이 아래를 향하게 키친타월 위에 가지런히 놓는다. 다른 키친타월을 물에 살짝 적신 후, 꼬리에서 머리 방향으로 닦아 물기를 제거한다.

02의 레드와인 튀김옷에 담근다.

건져내어 튀김용 기름종이에 올려 1~2분간 기름을 빼며 잔열로 마저 익힌다.

## 참치 미소 된장 절임 튀김

**제철**

일 년 내내

**기름 온도**

190℃에서
시작
▼
180℃를
유지

**튀기는 시간**

짧음

와인 중에서도 차분하고 과실미가 잘 살아 있는 일본 고
유의 포도 품종인 머스캣 베일리 A(Muscat Bailey A)에 어
울릴 만한 안주로 고안해낸 고급스러운 안주용 튀김입니
다. 참치 살코기에 미소 된장과 기름의 감칠맛이 더해져
마치 소고기 같은 맛을 냅니다. 김으로 싸서 튀겨서 열이
간접적으로 전달되므로, 가장자리는 익고 안쪽은 반숙에
가까운 상태가 되어야 잘 튀겨진 것입니다.

**재료**

참치 미소 된장 절임(만들기 쉬운 분량)
　참치 살코기 살 … 200g
　신슈 미소 된장 … 300g
　술·미림 … 각각 30ml
　김(가로 4.75cm×세로 10cm 크기 김
　의 절반)
박력분
튀김옷(→16~19쪽)
튀김용 기름
와사비
■ 사각 스테인리스 통 ■ 거즈 ■ 랩

신슈 미소 된장에 술과 미림을 섞어 묽게 만들어 된장 절임을 담글 기초가 되는 '미소도코'를 만든다. 사각 스테인리스 통에 절반보다 조금 적은 양을 넓게 깔고, 참치를 거즈에 싸서 올린 다음, 그 위에 다시 미소도코를 덮은 다음 랩을 씌워 냉장실에서 하루 반~이틀 동안 재운다. 다 재워지면 꺼낸다.

01을 김에 싼 다음, 김 가장자리에 물을 살짝 발라 고정한다. 튀김용 기름을 불에 올려 190℃로 달군다.
※ 김으로 싸서 참치를 서서히 익힙니다.

박력분을 묻히고, 젓가락으로 탁탁 쳐서 여분의 가루를 털어낸다.

튀김옷에 담근다.

190℃로 달군 튀김용 기름에 넣고, 그대로 1분간 튀긴다.

반대로 뒤집어 1분 정도 더 튀긴다. 두 번 정도 뒤집으면서 30초 정도 튀긴다.

건져내어 튀김용 기름종이에 올려 1~2분간 기름을 빼면서 잔열로 마저 익힌다. 한입 크기로 잘라 그릇에 담고 와사비를 곁들인다.

# 복숭아 레드와인 튀김

**제철**

여름

**기름 온도**

180℃에서 시작
▼
170℃를 유지

**튀기는 시간**

중간 정도

복숭아에 레드와인 튀김옷을 입혀 튀김으로 만들었습니다. 반 개씩 튀겨 잔열로 속까지 익히고 나면 복숭아가 걸쭉하고 찐득해집니다. 여기에 복숭아의 단맛과 기름이 어우러져 마치 달콤한 디저트 같은 맛을 냅니다. 아마 여러분도 이제껏 경험해본 적이 없는 맛을 느끼실 수 있을 것입니다. 복숭아는 너무 부드러운 것보다는 조금 단단한 것을 고르는 게 좋습니다.

재료

복숭아
레드와인 튀김옷(→136쪽)
박력분, 튀김용 기름

복숭아의 갈라진 틈 사이로 칼을 깊이 찔러 넣고 그대로 한 바퀴를 빙 돌린 후, 손으로 살짝 비틀어 복숭아를 두 조각으로 쪼갠다. 복숭아 씨는 칼날 끝을 이용해 도려내고, 껍질을 벗긴다.

튀김용 기름을 불에 올려 180℃로 달군다. 복숭아에 박력분을 묻히고, 톡톡 두르려 여분의 가루를 털어낸다.

레드와인 튀김옷에 담근다.

180℃로 달군 튀김용 기름에 살며시 넣는다. 되도록 건드리지 말고, 그대로 1분 정도를 튀긴다.

뒤집어서 다시 1분 정도 튀긴다.

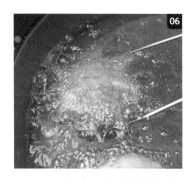

튀김용 기름종이에 올려 1~2분간 기름을 빼면서 잔열로 마저 익힌다. 잘라서 접시에 옮겨 담는다.

다시 뒤집어서 1분 정도 튀긴다. 튀김옷에서 나오는 기름의 거품이 적어지고, 기름이 튀는 소리가 낮아지면 건져낸다.

# 모둠 튀김

가짓수가 많아도 순서대로 척척 만들 수 있게 되는

가정에서 튀김을 만들 때는 대여섯 가지 재료를 함께 튀기는 일이 많을 것입니다. 튀김을 맛있게 먹으려면 맛과 향, 식감 등 여러 요소에 변화를 주는 게 중요합니다. 채소, 버섯, 어패류 중에서 조화를 잘 이루는 재료를 선택하고, 색조의 대비까지 고려해 보기에도 아름답고 식욕을 자극하는 모둠 튀김을 완성해보세요. 지금까지 소개한 곤도 스타일의 튀김은 튀김옷을 얇게 입히기 때문에 재료 본연의 색이 선명하게 비친답니다.

튀김을 만들 때 가장 신경 써야 하는 점은 조리 순서입니다. 튀김은 식어 버리면 맛이 없어지므로 당연히 따끈따끈할 때 먹고 싶을 것입니다. 여기서는 다섯 가지 재료를 예로, 어떻게 하면 많은 재료를 효율적으로 맛있게 튀길 수 있는지, 그 순서를 설명할 것입니다.

튀김을 만들다 보면 식으면 안 된다는 생각에 조바심을 내게 되는 경우가 많은데, 제가 드릴 수 있는 최고의 조언은 바로 '허둥대지 말 것'입니다. 조급해하다가는 오히려 중요한 걸 놓치거나 순서가 엉망진창이 될 수 있습니다. 좋을 것이 하나도 없지요. 효율적인 순서대로 차분히 작업을 해야만 맛있는 튀김을 만들 수 있습니다.

## 튀김을 만드는 순서

### 01 튀김을 튀긴다

튀김은 상온에 둔 덴쓰유에 찍어 먹어야 맛있습니다. 덴쓰유를 미리 만들어 두면 다른 재료를 튀기는 동안, 덴쓰유의 온도가 상온에 맞춰집니다.

### 02 달걀물을 만든다

달걀물은 조금 넉넉히 만들어 두었다가 튀김옷의 농도를 조절할 때 씁니다.

### 03 재료를 손질해둔다

튀길 재료를, 튀김옷을 묻히기 직전의 단계까지 미리 다 손질해놓습니다.

### 04 튀김용 기름을 불에 올린다

튀김용 기름을 각 재료의 적정 온도보다 10℃ 높게 달굽니다. 시간이 지나면 튀김옷을 떨어뜨려 온도를 확인합니다.

### 05 재료에 박력분과 튀김옷을 묻힌다

달걀물과 박력분을 섞어 튀김옷을 만들고, 재료에 박력분과 튀김옷을 순서대로 묻힙니다. 모든 재료에 미리 박력분을 묻혀 두면 안 됩니다.

### 06 기름에 넣어 튀긴다

재료를 기름에 넣으면 튀김옷이나 거품의 상태를 보면서 화력을 적절히 조절해가며 튀깁니다.

### 07 접시에 담는다

일반적인 요리와 마찬가지로 튀김도 산처럼 중심 부분이 가장 높아 보이게 담으세요. 꽈리고추 같은 녹색 재료를 앞쪽에 놓으면 전체적으로 또렷한 인상을 주어 예쁘게 보입니다. 여기에 덴쓰유와 간 무를 곁들이면 완성입니다.

# 모둠 튀김을
# 튀기는 순서

여기서는 채소 세 가지(가지, 연근, 꽈리고추), 버섯 한 가지(표고버섯), 어패류 한 가지(새우), 이렇게 총 다섯 가지의 모둠 튀김 2인분을 만들어 본다. 튀김용 기름은 180℃로 달군다.

채소와 어패류로 모둠 튀김을 만들 때는 기본적으로 '채소(버섯 포함)→어패류' 순으로 튀깁니다. 이번에는 가키아게를 포함하지 않았지만, 만약 가키아게가 들어간다면 '채소→가키아게(채소→어패류)→어패류'의 순이 됩니다.

일반적으로 채소튀김이 적정 온도도 더 낮고, 기름의 질을 덜 떨어뜨리기에 먼저 튀깁니다. 어패류는 적정 온도가 높은 데다 튀기는 과정에서 수분을 많이 배출하거나 기름에 냄새를 옮기기도 해서 나중에 튀기는 편이 좋습니다. 채소 중에서는 튀기는 시간이 긴 것부터 먼저 튀기기 시작합니다. 만드는 튀김의 수가 적을 때는 한 가지씩 따로따로 튀기지 말고, 재료별로 약간의 시간 간격을 두고 한꺼번에 튀기세요. 잔열로 익히는 시간이 긴 두툼한 고구마튀김이나 단호박 튀김은 가장 먼저 기름에 넣고, 남는 공간에 다른 재료를 튀겨 나갑니다. 이번에 소개하는 예에서는 '표고버섯→가지→연근→꽈리고추' 순으로 튀기는데, 앞의 세 가지 채소는 사용하는 품종이나 크기에 따라서도 순서가 달라질 수 있으니 꼭 책에 나온 순서대로 하지 않아도 괜찮습니다.

여기서 사용하는 어패류는 새우뿐이므로 마지막에 튀겨서 마무리합니다. 만약 어패류가 여러 가지일 경우에는 살이 연하고 빨리 익는 재료나 적정 온도가 낮은 재료부터 먼저 튀깁니다. 2장에서 소개한 여섯 가지 어패류를 예로 들자면, '보리멸→새우→오징어→가리비→붕장어→굴' 순으로 튀기는 것이 적당합니다. 튀기는 기름 온도는 붕장어가 가장 높지만, 수분이 많은 굴이 기름의 질을 떨어뜨리기 쉬우므로 이 경우에는 맨 마지막에 튀기는 것이 좋습니다.

표고버섯 하나를 통째로 박력분과 튀김옷을 묻혀 180℃의 기름에 넣는다. 이번에 사용하는 채소와 버섯 중에서 튀기는 데 가장 시간이 오래 걸리는 재료다. 기름 온도를 170℃로 유지한다.

이어서 가지(세로로 2등분하고, 끝에 칼집을 낸 것)를 넣는다. 표고버섯과 가지 모두 튀김옷이 익기 시작하면 반대편으로 뒤집는다. 사방에 흩어진 튀김옷 부스러기는 기름의 질이 떨어지지 않도록 수시로 걷어낸다.

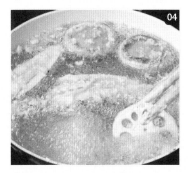

둥글게 썬 연근을 넣고, 세 가지 재료를 동시에 튀긴다.

표고버섯을 남겨 둔 상태에서 꽈리고추(2개씩 이쑤시개로 고정한 것)를 넣는다.

기름 온도를 180℃로 유지하면서 튀긴다.

각 재료를 적절히 뒤집으면서 익혀 나간다.

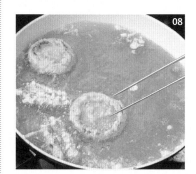

표고버섯과 꽈리고추 모두 반대편으로 뒤집으면서 튀긴 후, 거의 동시에 기름에서 건져낸다.

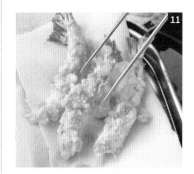

새우가 다 튀겨지면 건져낸다. 튀김 다섯 가지를 접시에 옮겨 담는다.

가지와 연근을 건져낸다.

튀김용 기름의 온도를 190℃로 올리고, 새우를 넣는다.

모둠 튀김 완성!

# 곤도 후미오가 고안한 채소튀김

새로운 튀김을 고안해내는 것이 '자신에 대한 도전'이라고 말하는 곤도 후미오 씨. '덴푸라 곤도'의 명물인 고구마튀김도 완성하기까지 2~3년이 걸렸다고 한다.

제가 도쿄 간다 스루가다이의 '야마노우에 호텔'에서 튀김 장인의 길을 걷기 시작한 시기가 대략 반세기 전입니다.

그 무렵에는 '튀김이라고 하면 당연히 어패류'라는 인식이 강했고, 채소튀김은 살짝 곁들이는 정도라 종류도 표고버섯, 꽈리고추, 연근 정도가 다였습니다. 하지만 저는 '일본에서 자라는 다양한 채소를 튀김에 좀 더 이용하면 훨씬 다채로운 맛을 즐길 수 있고, 아름다운 사계절의 변화를 표현할 수 있을 텐데. 채소를 다양하게 써야 오히려 튀김이 하나의 요리로 정착하지 않을까?'라는 생각을 했습니다.

스물세 살에 요리장의 자리에 오른 것을 계기로 저는 그런 제 생각을 실현하고자 세상에 다양한 채소튀김을 잇달아 선보였습니다. 처음에는 손님들이 "내가 (해산물)튀김을 먹으러 왔지, 이런 걸 먹으려고 온 줄 아나"라며 역정을 내시기도 했습니다. '채소튀김은 튀김 전문점에서 내놓을 만한 튀김이 아니다'라는 뜻이었지요. 그래도 저는 머위 새순, 아스파라거스, 백합근, 양하 등 사람들이 튀김으로 먹을 생각을 하지 않았던 채소를 계속해서 튀김으로 만들었고, 튀김을 통해 '세상에 이런 맛이 다 있구나'라는 새로운 발견을 하게 되었습니다.

하지만 그저 평범한 방식으로 튀기기만 해서는 결코 사람들 마음이나 혀끝에 남을 만한 인상적인 튀김을 만들 수 없습니다. 그렇기에 저는 포슬포슬한 특대형 고구마튀김이나 실처럼 가늘게 썬 당근을 튀겨서 달콤함이 입안 가득 퍼지는 '당근 요세아게' 등 기존의 튀김에 대한 상식을 뒤집을 만한 기법을 도입해나가며 새로운 튀김을 선보였습니다. 지금도 '의식을 바꿔야만 요리가 바뀐다'라는 정신으로 매일 새로운 튀김을 고안해내기 위해 아이디어를 짜고 있습니다.

# 덴푸라 곤도 소개

## 곤도 후미오

도쿄 긴자의 튀김 전문점 '덴푸라 곤도'의 점주. 도쿄에서 태어났으며, 고등학교를 졸업한 후 도쿄 간다 스루가다이의 '야마노우에 호텔'에 들어가 일식·튀김 부문에서 일하게 되었다. 스물세 살의 나이에 튀김 전문 식당 '덴푸라 야마노우에'의 요리장으로 발탁되었으며, 그곳에서 21년간 근무했다. 1991년에 독립해서 '덴푸라 곤도'를 열었다. 얇은 튀김옷을 입혀 튀기는 기법이나 채소튀김 등 참신한 발상으로 자신만의 독자적인 튀김을 끊임없이 제안해나가고 있다.

주소: 도쿄도 주오구 긴자 5-5-13 사카구치 빌딩 9층
전화: 03-5568-0923
영업시간: 낮 12시~, 13시 30분~
　　　　　밤 17시~, 18시~, 19시~, 20시~
　　　　　(토요일은 17시~, 19시~)

곤도 후미오 씨가 점주로 있는 '덴푸라 곤도'는 도쿄 긴자에서도 명품 매장이 즐비한 나미키도오리에 있습니다. 엘리베이터를 타고 올라가 9층에 내리면 일본을 대표하는 역사 소설가인 이케나미 쇼타로 씨가 쓴 '덴푸라 곤도'라는 글씨가 염색된 포렴이 손님들을 맞이합니다.

포렴을 걷고 들어가면 목조로 꾸며진 매장 중앙에 편백 나무 중에서도 최고급으로 손꼽히는 기소히노키로 만들어진 카운터가 따뜻하면서도 고급스러운 분위기를 풍깁니다. 카운터 안쪽에서는 손님들이 보는 앞에서 튀김이 튀겨지고, 절묘한 타이밍에 제공됩니다. 재료 본연의 맛을 잘 살린 가벼운 튀김은 다른 곳에서는 경험할 수 없는 새로운 맛을 선사합니다. 신선한 제철 재료로 만든 튀김을 맛보면서 사계절의 변화를 즐길 수 있습니다. 또 안쪽에는 조용한 객실도 마련되어 있어 개인실로 이용할 수도 있습니다.

# 재료별
## 튀김용 기름의 온도 & 튀기는 시간 조견표

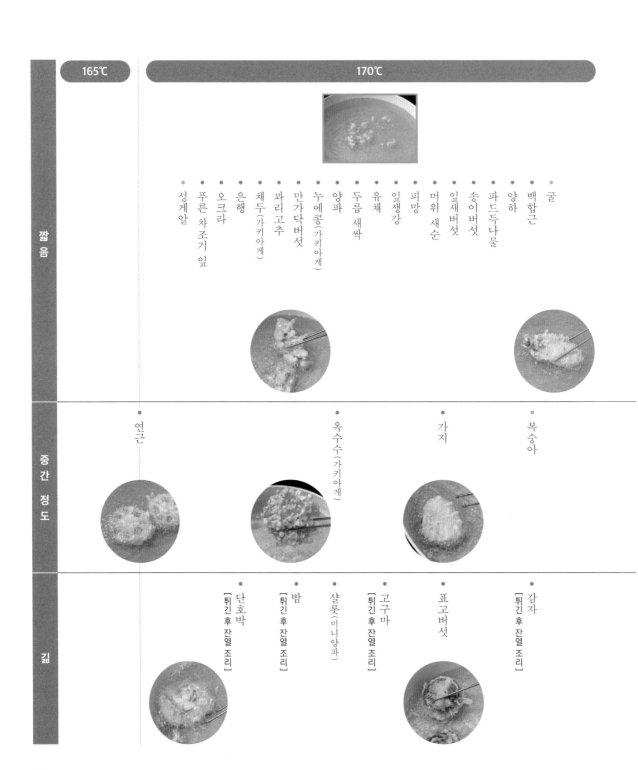

| | 165℃ | 170℃ |
|---|---|---|
| **짧음** | 성게알 / 푸른 차조기 잎 / 오크라 / 은행 / 채두(가키아게) / 꽈리고추 / 만가닥버섯 / 누에콩(가키아게) / 양파 / 두릅 새싹 / 유채 / 잎생강 / 피망 / 머위 새순 / 잎새버섯 / 송이버섯 / 파드득나물 / 양하 / 백합근 / 굴 | |
| **중간 정도** | 연근 | 옥수수(가키아게) / 가지 / 복숭아 |
| **김** | | 단호박[튀긴 후 잔열 조리] / 밤[튀긴 후 잔열 조리] / 샬롯(미니양파) / 고구마[튀긴 후 잔열 조리] / 표고버섯 / 감자[튀긴 후 잔열 조리] |

148

이 책의 1~3장에 소개한 튀김의 적정 기름 온도와 튀기는 시간을 정리했습니다.

튀김 여러 개를 한꺼번에 튀기면 기름 온도가 단숨에 내려가기 쉬우므로 튀기기 전에 기름 온도를 여기 나와 있는 적정 온도보다 약 10도 더 높게 맞춰 놓습니다. 그런 다음 재료를 넣은 뒤부터 여기에 적힌 온도를 유지하면서 튀기세요. 또 튀기는 시간은 3분 이내를 '짧음', 3~5분 정도를 '중간 정도', 5분 이상을 '긺'으로 구분해놓았습니다. 실제로는 튀김의 상태를 살피면서 튀김을 건져낼 타이밍을 정하게 되지만, 머릿속에 전체적인 이미지를 담아 두면 도움이 될 것입니다.

| 175℃ | 180℃ | 185℃ | 190℃ |
|---|---|---|---|
| | | | |
| 아스파라거스 | 참치 미소 된장 절임 | | |
| 당근(가키아게) | 가리비 | | |
| 당근(요세아게) | 오징어 | | |
| 키조개 | 중하(텐동, 텐챠) | | |
| | 벚꽃 새우(가키아게) | | |
| | 길이가 10센티미터 이하인 보리새우 등 | | |
| | 작은 새우(가키아게) | | |
| | 보리새우 | | |
| | 보리멸 | | |
| | | | |
| | 금눈돔 [튀긴 후 잔열 조리] | | 붕장어 |
| | | | |

차세대 '덴푸라 곤도'를 책임질 장남 곤도 마사히코 씨와 점주 곤도 후미오 씨.

'덴푸라 곤도' 스텝들과 함께.
곤도 후미오 씨 왼쪽은 장남 마사히코 씨, 오른쪽은 부인인 하루미 씨와 차남 다카히코 씨.